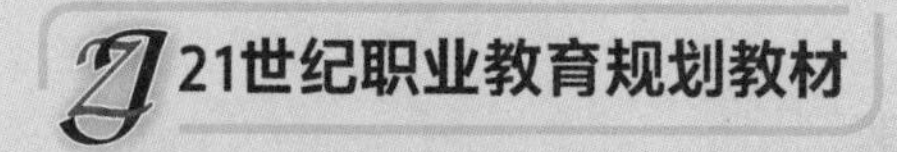

数控铣削加工

张庆锋　主编

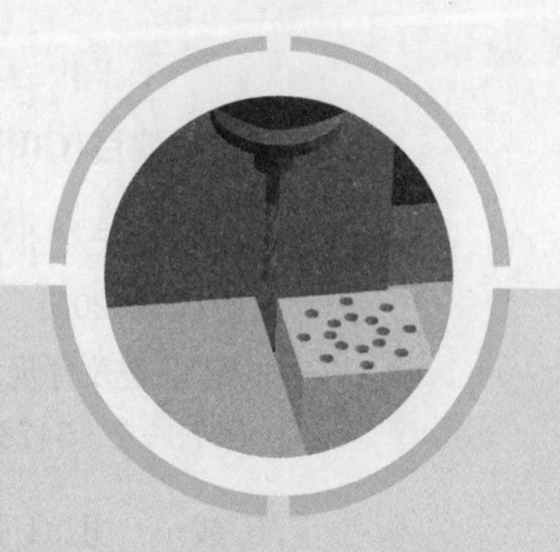

上海科学技术出版社 | 国家一级出版社
全国百佳图书出版单位

内 容 提 要

全书由四个项目组成。项目一主要介绍数控铣加工技术的基础知识，包括加工工艺分析，数控程序的基本结构，数控铣床坐标系及其设定指令、常用指令和刀具半径补偿。项目二～项目四分别以三种数控铣削的典型零件为载体，针对数控铣削编程与操作，进行理论和技能的介绍。书后附录附有数控铣工(四级)图纸加工考题、数控编程考题、数控铣床操作考题及要求等，丰富实用，供读者参考。本书纸质教材中融入视频、图片等数字资源，寓教于乐，提升学生学习乐趣和教学互动效果。

本书可供中专、中职学校数控或机械专业师生使用，也可供社会从业人员、参加数控铣工考级的考生参考使用。

图书在版编目(CIP)数据

数控铣削加工 / 张庆锋主编. —上海：上海科学技术出版社，2020.1

21世纪职业教育规划教材

ISBN 978-7-5478-4728-2

Ⅰ.①数…　Ⅱ.①张…　Ⅲ.①数控机床—铣削—中等专业学校—教材　Ⅳ.①TG547

中国版本图书馆CIP数据核字(2019)第288100号

数控铣削加工

张庆锋　主编

上海世纪出版(集团)有限公司
上 海 科 学 技 术 出 版 社　出版、发行

(上海钦州南路71号　邮政编码200235　www.sstp.cn)

浙江新华印刷技术有限公司印刷

开本 787×1092　1/16　印张 7

字数：160千字

2020年1月第1版　2020年1月第1次印刷

ISBN 978-7-5478-4728-2/TG·101

定价：32.00元

前 言

为深入贯彻党中央、国务院关于教材建设的决策部署和《国家职业教育改革实施方案》有关要求，深化职业教育“三教”改革，认真落实上海市中等职业教育改革发展示范学校建设实施方案和任务书的精神，依据人才和岗位需求调研情况，按照基于工作任务和岗位职业能力导向的专业课程体系构建要求，以“促进学校特色发展，促进学生个性发展，促进教师专业发展，促进课程多元发展”为目标，上海市材料工程学校从实际出发，根据专业课程标准要求，聘请数控专业指导委员会相关专家，组织数控教研室的相关专业教师以及企业特聘兼职教师，对数控类专业的部分校本教材进行了修订(或新编)工作，并启动立体教材建设工作，《数控铣削加工》为其中之一。

以《数控铣削加工》为代表的职业教育立体化教材特色，主要体现在以下几个方面：

1. 坚持职教特色，突出质量为先；坚持产教融合，校企双元开发。

2. 坚持以岗位能力为本位，重视学生职业能力的培养，并充分结合产业人才培养需求。

3. 采用理论与实训同步编写模式，融“教、学、做”于一体，使教材内容更加符合中职学生技能学习的认知规律。

4. 教材充实了新知识、新技术、新设备和新材料等方面内容。

5. 教材编写过程中严格贯彻国家有关行业技术标准的要求，力求使教材内容涵盖上海数控类职业标准(四级)的知识和技能要求。

6. 课程建设与教材编写、信息技术应用融合。纸质教材中融入视频、放大图片等数字资源，提升学生学习乐趣和教学互动效果。

全书根据数控技术应用专业的培养目标，以南通机床厂的VC600数控铣床和上海宇龙软件公司的数控仿真软件为平台，按照“任务驱动、实训主导、能力拓展、教学做一体”的编写思路，结合工作岗位和就业需要，将理论知识和技能应用整合在一起，形成以就业为导向的项目式教材。技能训练任务结合上海市数控铣工职业资格鉴定

(四级)的标准和要求,旨在通过任务培养学生的动手能力、综合应用能力及独立完成工作能力,实现由知识向能力的转化。通过学习,使学生达到职业资格鉴定有关要求。

全书由四个项目组成。其中项目一介绍数控铣加工技术的基础知识,包括加工工艺分析,数控程序的基本结构,数控铣床坐标系及其设定指令、常用指令、刀具半径补偿。项目二～项目四分别以三种数控铣削的典型零件为载体,针对数控铣削编程与操作,进行理论和技能的介绍。书后附录附有数控铣工(四级)图纸加工考题、数控编程考题、数控铣床操作考题及要求等,丰富实用,供读者参考。

本书由上海市材料工程学校数控教研室团队编写,张庆锋担任主编并统稿。具体编写分工如下:项目一、项目四由张庆锋编写;项目二任务一、任务二由孙襄宁编写,任务三由王长国编写;项目三任务一、任务二由杨玲玲编写,任务三由张寒春编写。

由于编者水平有限,书中难免存在不足和缺漏,敬请有关专家和广大读者批评指正。

编者

2019 年 11 月

本书配套数字资源使用说明

针对本书配套数字资源的使用方式和资源分布，特做如下说明：

1. 用户（或读者）可持移动设备打开移动端扫码软件（如微信等），扫描教材封底二维码，即可在线阅读数字资源、交互使用。

2. 插图图题等后有加“”标识的，提供视频、放大图片等数字资源。具体教材中有关内容位置和数字资源对应关系参见下表：

教材中有关内容位置		数字资源类型	数字资源内容
项目一	图 1-6	图片	右手笛卡儿直角坐标系
	图 1-7	视频资源	数控铣床的坐标系统
	图 1-8	图片	工件坐标系与机床坐标系的关系
	图 1-9	视频资源	G00 快速定位
	图 1-10	视频资源	直线插补轮廓
	图 1-11	图片	G90 编程和 G91 编程坐标系
	图 1-13	图片	圆弧插补
	图 1-14	图片	I、J、K 的选择
	图 1-16	图片	刀具补偿方向
	图 1-17	图片	半径补偿指令编程
项目二	图 2-2	图片	子程序编程图形
	图 2-25	视频资源	零件加工
项目三	图 3-2	图片	镗孔加工路线示意图
	图 3-4	视频资源	孔加工基本动作

(续表)

教材中有关内容位置		数字资源类型	数字资源内容
	图 3-12	视频资源	矩形排列孔仿真加工
	图 3-14	视频资源	环形排列孔仿真加工
项目四	图 4-1	视频资源	简单曲面仿真加工
	图 4-3	视频资源	G00 快速定位
	图 4-4	视频资源	直线插补轮廓
	图 4-5	视频资源	G90 编程和 G91 编程
	图 4-7	视频资源	圆弧插补
	图 4-8	视频资源	I、J、K 的选择

目　录

项目一 板类零件加工

项目描述

加工一个中等难度的板类零件，学习数控编程的入门知识，培养学生独立编程的能力。

学习目标

此项目的学习结束后，学生能建立加工的概念，并对一个板类零件进行合理的工艺分析，说出程序的基本结构，正确建立机床坐标系和工件坐标系，会用常用指令进行程序编制并合理使用刀具半径补偿功能。

任务一 分析板类零件加工工艺

任务目标

1. 能根据给定的图纸准确想象出立体图，并合理安排加工工艺和刀具。
2. 会进行基点坐标的准确计算。

任务实施

本项任务的内容是加工如图 1-1 所示的板类零件。其加工工艺分析内容如下。

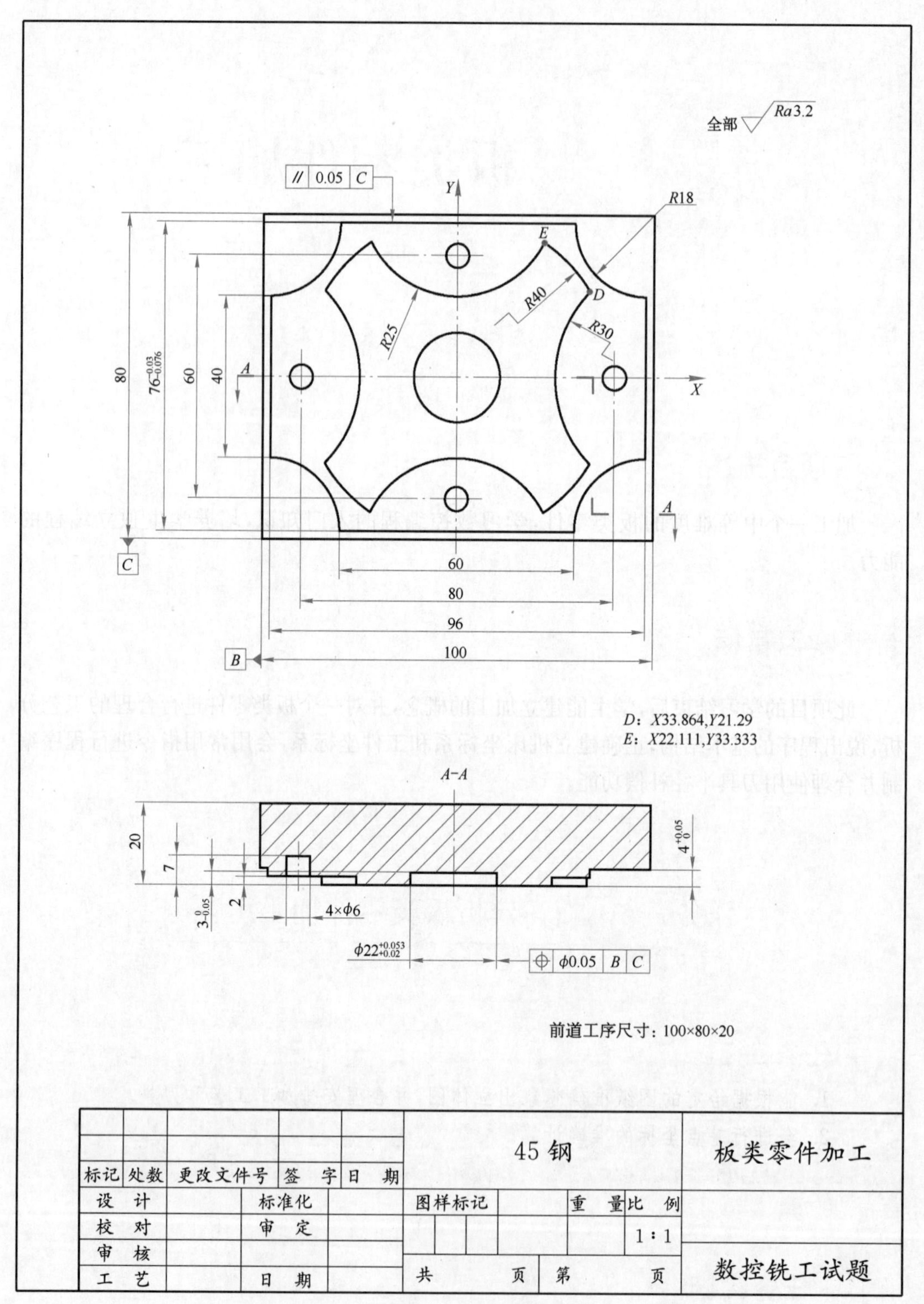
全部 Ra3.2
// 0.05 C
Y
R18
E
D
R40
R30
R25
A
X
80
60
40
A
C
60
80
96
100
B
D：X33.864,Y21.29
E：X22.111,Y33.333
A-A
20
7
2
4×ϕ6
ϕ22
ϕ0.05 B C
前道工序尺寸：100×80×20
45 钢
板类零件加工
标记 处数 更改文件号 签 字 日 期
设 计
标准化
图样标记
重 量
比 例
校 对
审 定
1∶1
审 核
工 艺
日 期
共 页 第 页
数控铣工试题

图 1-1　板类零件

1. 明确零件的加工要求

该零件的材料为45钢，加工面有两个凸台、一个型腔和四个 $\phi 6$ 的平底孔，Y 方向尺寸76有公差，相应极限尺寸的中值为75.947，深度方向尺寸3有公差，相应极限尺寸的中值为2.975，型腔22有公差，相应极限尺寸的中值为22.037。由于四个孔是平底孔，根据加工要求选用铣削孔的加工方法。根据零件平面粗糙度为3.2 μm的要求，加工方法可选粗加工—半精加工。

2. 选择加工设备

根据零件毛坯尺寸100 mm×80 mm×20 mm，设备选型可选用数控铣床。

3. 确定定位基准与工件坐标系

以工件上表面的中心为工件坐标系原点。

4. 定位与装夹

以工件底平面为定位基准，用平口钳平行钳口夹紧工件。坯料装夹时，坯料上表面伸出高度计算公式如下：

坯料上表面伸出高度＝零件凸台高度＋5

然后按以下步骤进行加工：

(1) $\phi 10$ 键槽铣刀粗、精加工带内圆弧凸台；

(2) $\phi 10$ 键槽铣刀粗、精加工八边形圆弧凸台；

(3) $\phi 10$ 键槽铣刀粗、精加工圆形型腔；

(4) $\phi 6$ 键槽铣刀铣削孔。

5. 选用刀具

(1) $\phi 10$ 键槽铣刀；

(2) $\phi 6$ 键槽铣刀。

6. 选用切削用量

根据零件图技术要求，选用粗加工、半精加工的加工方法，其切削用量选用见表1-1。

表1-1　铣削切削用量选用

刀具	粗加工		半精加工	
	转速(r/min)	进给速度(mm/min)	转速(r/min)	进给速度(mm/min)
$\phi 10$ 键槽铣刀	800	100	1 000	80
$\phi 6$ 键槽铣刀	600	50		

7. 进行加工工艺分析

图1-1所示板类零件的加工工艺分析见表1-2。

表 1-2　加工工艺分析

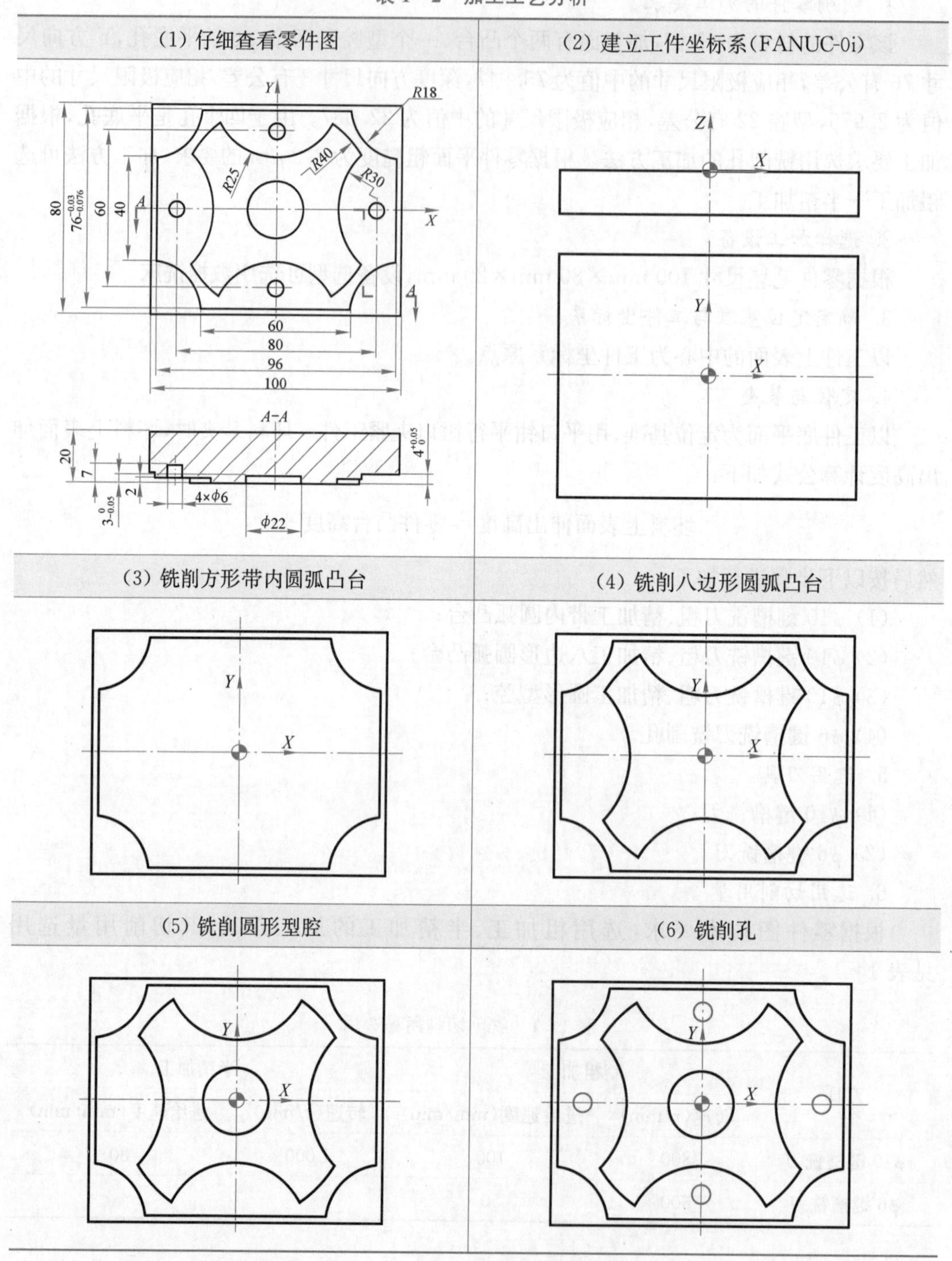

(1) 仔细查看零件图	(2) 建立工件坐标系(FANUC-0i)
(3) 铣削方形带内圆弧凸台	(4) 铣削八边形圆弧凸台
(5) 铣削圆形型腔	(6) 铣削孔

8. 确定走刀路线与基点坐标

(1) 铣削带内圆弧凸台走刀路线如图 1-2 所示，基点坐标见表 1-3。

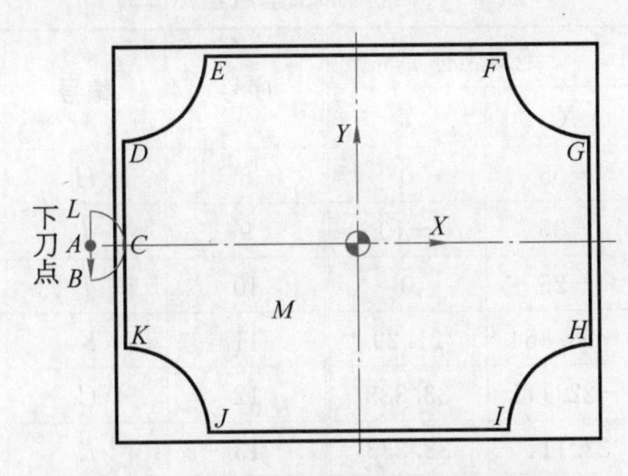

图 1-2　铣削带内圆弧凸台走刀路线

表 1-3　铣削加工基点坐标(一)

序号	编号	绝对坐标		序号	编号	绝对坐标	
		X	*Y*			*X*	*Y*
1	*A*	−55	0	8	*H*	48	−20
2	*B*	−55	−7	9	*I*	30	−38
3	*C*	−48	0	10	*J*	−30	−38
4	*D*	−48	20	11	*K*	−48	−20
5	*E*	−30	38	12	*C*	−48	0
6	*F*	30	38	13	*L*	−55	7
7	*G*	48	20				

(2) 铣削八边形圆弧凸台走刀路线如图 1-3 所示，基点坐标见表 1-4。

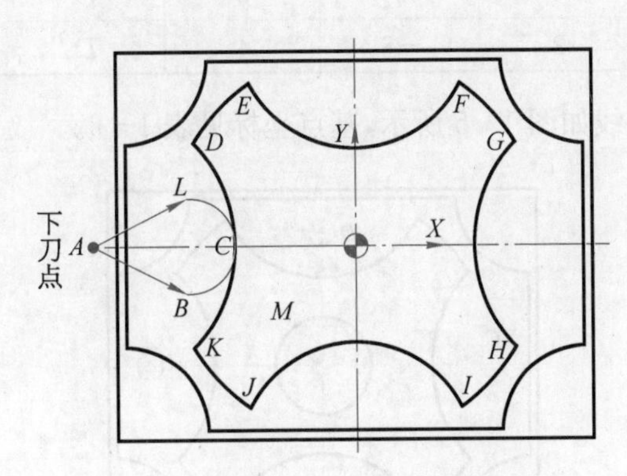

图 1-3　铣削八边形圆弧凸台走刀路线

表 1-4　铣削加工基点坐标(二)

序号	编号	绝对坐标		序号	编号	绝对坐标	
		X	Y			X	Y
1	A	−55	0	8	H	33.864	−21.29
2	B	−35	−10	9	I	22.111	−33.333
3	C	−25	0	10	J	−22.111	−33.333
4	D	−33.864	21.29	11	K	−33.864	−21.29
5	E	−22.111	33.333	12	C	−25	0
6	F	22.111	33.333	13	L	−35	10
7	G	33.864	21.29				

(3) 铣削圆形型腔走刀路线如图 1-4 所示，基点坐标见表 1-5。

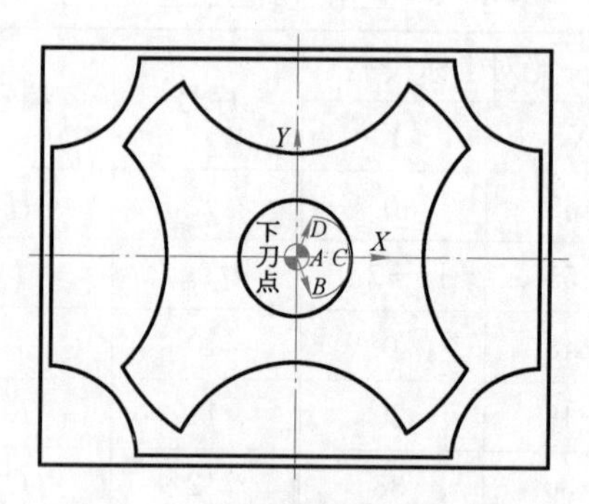

图 1-4　铣削圆形型腔走刀路线

表 1-5　铣削加工基点坐标(三)

序号	编号	绝对坐标		序号	编号	绝对坐标	
		X	Y			X	Y
1	A	0	0	3	C	11	0
2	B	3	−8	4	D	3	8

(4) 铣削孔走刀路线如图 1-5 所示，基点坐标见表 1-6。

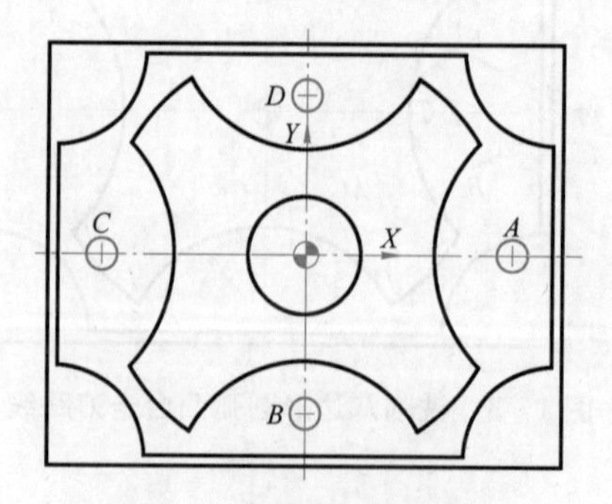

图 1-5　铣削孔走刀路线

表 1-6　铣削加工基点坐标(四)

序号	编号	绝对坐标		序号	编号	绝对坐标	
		X	Y			X	Y
1	A	40	0	3	C	−40	0
2	B	0	−30	4	D	0	30

知识链接

坐标的表示方法

零件的工件坐标系确定之后，零件轮廓的基点坐标可体现基点与工件坐标系原点的相互位置关系。基点坐标的表示方法有绝对坐标表示法与增量坐标表示法两种。

(1) 绝对坐标表示法。指以零件轮廓基点坐标离开工件坐标系原点的矢量距离来表示的方法。

(2) 增量坐标表示法。根据基点的先后顺序，基点的增量坐标表示为目标点离开当前点的矢量距离。

增量坐标的计算公式为

$$X_{增量坐标}=X_{目标点绝对坐标}-X_{当前点绝对坐标}$$
$$Y_{增量坐标}=Y_{目标点绝对坐标}-Y_{当前点绝对坐标}$$

基点坐标值表示为零件图上的基本尺寸或极限尺寸的中值。

极限尺寸中值的计算公式为

$$极限尺寸中值=(最大极限尺寸+最小极限尺寸)/2$$

9. 制作铣削加工工艺单

铣削加工工艺单见表 1-7。

表 1-7　铣削加工工艺单

日期		姓名		设备	数控铣床 FANUC-0i		
图号	0001	零件名	板类零件	数量	1	材料	45 钢
工序号	程序名	刀具	刀补号	操作说明			
1	O2001	ϕ10 键槽铣刀	D01	以底面为基准采用平口钳装夹工件，以工件上表面中心建立工件坐标系 G54。粗、精加工带内圆弧凸台			
2	O2002	ϕ10 键槽铣刀	D01	粗、精加工八边形圆弧凸台			

（续表）

工序号	程序名	刀具	刀补号	操作说明
3	O2003	ϕ10 键槽铣刀	D01	粗、精加工圆形型腔
4	O2004	ϕ6 键槽铣刀		以工件上表面中心建立工件坐标系 G55，铣削孔

10. 编写数控程序及说明

图 1－2～图 1－5 的加工程序，分别见表 1－8～表 1－11。

表 1－8　数控程序及说明

程序	说明	程序结构
O2001；	程序名	程序名
G54G17G90；	指定工件坐标系，指定插补平面，使用绝对编程	程序内容
M03 S800；	主轴正转，速度 800 r/min	
G00 X-55. Y0 Z5. M08；	快速定位，切削液打开	
G01 Z-4. F100；	下刀，进给量 100 mm/min	
G41 G01 X-55. Y-7. D01；	*A*→*B* 建立刀补，调用 1 号刀补号	
G03 X-48. Y0 R7.；	*B*→*C* 圆弧切入	
G01 X-48. Y20.；	*C*→*D*	
G03 X-30. Y38. R18.；	*D*→*E*	
G01 X30. Y38.；	*E*→*F*	
G03 X48. Y20. R18.；	*F*→*G*	
G01 X48. Y-20.；	*G*→*H*	
G03 X30. Y-38. R18.；	*H*→*I*	
G01 X-30. Y-38.；	*I*→*J*	
G03 X-48. Y-20. R18.；	*J*→*K*	
G01 X-48. Y0；	*K*→*C*	
G03 X-55. Y7. R7.；	*C*→*L* 圆弧切出	
G40 G01 X-55. Y0；	*L*→*A* 取消刀补	
G00 Z50. M09；	抬刀，切削液关闭	
M05；	主轴停转	
M30；	程序结束，光标返回起始位置	程序结束

表 1-9　数控程序及说明

程序	说明	程序结构
O2002；	程序名	程序名
G54G17G90；	指定工件坐标系，指定插补平面，使用绝对编程	程序内容
M03 S800；	主轴正转，速度 800 r/min	
G00 X-55. Y0 Z5. M08；	快速定位，切削液打开	
G01 Z-2. F100；	下刀，进给量 100 mm/min	
G41 G01 X-35. Y-10. D01；	*A*→*B* 建立刀补，调用 1 号刀补号	
G03 X-25. Y0 R10. ；	*B*→*C* 圆弧切入	
G03 X-33. 864 Y21. 29 R30. ；	*C*→*D*	
G02 X-22. 111 Y33. 333 R40. ；	*D*→*E*	
G03 X22. 111 Y33. 333 R25. ；	*E*→*F*	
G02 X33. 864 Y21. 29 R40. ；	*F*→*G*	
G03 X33. 864 Y-21. 29 R30. ；	*G*→*H*	
G02 X22. 111 Y-33. 333 R40. ；	*H*→*I*	
G03 X-22. 111 Y-33. 333 R25. ；	*I*→*J*	
G02 X-33. 864 Y-21. 29 R40. ；	*J*→*K*	
G03 X-25. Y0 R30. ；	*K*→*C*	
G03 X-35. Y10 R10. ；	*C*→*L* 圆弧切出	
G40 G01 X-55. Y0；	*L*→*A* 取消刀补	
G00 Z50. M09；	抬刀，切削液关闭	
M05；	主轴停转	
M30；	程序结束，光标返回起始位置	程序结束

表 1-10　数控程序及说明

程序	说明	程序结构
O2003；	程序名	程序名
G54G17G90；	指定工件坐标系，指定插补平面，使用绝对编程	程序内容
M03 S800；	主轴正转，速度 800 r/min	
G00 X0 Y0 Z5. M08；	快速定位，切削液打开	
G01 Z-3. F100；	下刀，进给量 100 mm/min	
G41 G01 X3. Y-8. D01；	*A*→*B* 建立刀补，调用 1 号刀补号	
G03 X11. Y0 R8. ；	*B*→*C* 圆弧切入	

（续表）

程序	说明	程序结构
G03 X11. Y0I-11. J0；	整圆插补	
G03 X3. Y8. R8.；	*C*→*D* 圆弧切出	
G40 G01 X0 Y0；	*D*→*A* 取消刀补	
G00 Z50. M09；	抬刀，切削液关闭	
M05；	主轴停转	
M30；	程序结束，光标返回起始位置	程序结束

表 1－11　数控程序及说明

程序	说明	程序结构
O2004；	程序名	程序名
G55G17G90；	指定工件坐标系，指定插补平面，使用绝对编程	程序内容
S600 M03；	主轴正转，速度 600 r/min	
G00 X0 Y0 Z20. M08；	快速定位，切削液打开	
G99G81X40. Y0Z-8. R5. F50；	钻削 *A* 号孔	
X0. Y-30.；	钻削 *B* 号孔	
X-40. Y0；	钻削 *C* 号孔	
X0 Y30.；	钻削 *D* 号孔	
G80；	取消钻孔循环	
G00 Z50. M09；	抬刀，切削液关闭	
M05；	主轴停转	
M30；	程序结束，光标返回起始位置	程序结束

任务二　理解数控程序的基本结构

任务目标

1. 能说出一个完整的数控程序的结构。
2. 能准确说出程序段格式和各功能字的含义。

任务实施

一、数控程序的组成

一个完整的数控程序包括三个组成部分：程序名、程序内容和程序结束指令。

1. 程序名

程序名即程序的开始部分，为程序的开始标记，存放在数控装置存储器的程序目录中，便于查找与调用。FANUC-0i 系统的程序名由地址码 O 和四位编号数字组成，如 O0001，也可写为 O1。

2. 程序内容

程序内容是整个程序的主要部分，由多个程序段组成。

1）程序段的内容

程序段的内容包括：

(1) 坐标系的设定；

(2) 主轴转动及相应的进给速度；

(3) 刀具切削加工路线；

(4) 其他说明，如切削液的开、关等。

2）程序段的格式

程序段由若干个程序字组成。在程序段的开头是程序顺序号，中间是程序段的内容，最后为程序段结束符。程序段中程序字的排列方式见表 1－12。

表 1－12　程序段中程序字的排列方式

N	G	X_Y_Z_	F	S	T	M	;
顺序号字	准备功能字	坐标功能字	进给功能字	主轴功能字	刀具功能字	辅助功能字	程序段结束字

3. 程序结束指令

在程序的最后是程序结束指令，一般用 M02 或 M30 表示。

由人工全过程参与，用 G、M 等指令代码编写的程序，被称为手工编程。手工编程需要利用一般的计算工具，通过数学方法，人工进行刀具轨迹的运算与程序编写。这种方法比较简单，相对容易掌握，一般适用于计算量不大的零件编程。而当零件轮真曲线比较复杂，或含空间曲面（如汽轮机叶片复杂的模具型腔等）时，数值计算的工作量很大，手工编程费时、费力，甚至不能胜任，此时需要借助编程软件（如 MasterCAM、UG 等）进行计算机辅助编程。

二、功能指令

程序字由地址符与地址值（地址符后面的数字）组成，地址符是一个英文字母。每个程序字具有一定的功能，如“X　Y　Z”代表刀具的一个位置。常用的程序字包括以下几种。

1. 顺序号字

顺序号字位于程序段之首，用以识别程序段的编号，由地址符 N 和后面的若干位数字(常用 2～4 位)组成，如 N100 表示该程序段的编号为 100。一般将 N5 或 N10 作为第一程序段的顺序号，后面以 5 或 10 为间隔设置，以便于调试时插入新的程序段，如在 N10 和 N20 之间可插入 N11～N19。

(1) 对于 FANUC-0i 系统，可以不要程序的行号，若需要行号，在需要转移的程序段前要设置行号，这样能对程序段进行检索、校对及修改，方便编辑。

(2) 程序的段号前可以加有选择跳过符号“/”，如“/N40 M08”。当机床操作面板上的“选择跳过开关”打开时，带有这个符号的程序段不执行，可用于程序调试或程序段的选用。

2. 准备功能字

准备功能字由地址符 G 和后面的两位数字组成，简称 G 代码、G 功能指令或 G 指令，是使数控机床做好某种操作准备、进行某种运动的指令。如：G00 表示快速定位；G01 表示直线插补。

FANUC-0i 数控系统的常用 G 指令见表 1－13。

表 1－13　FANUC-0i 常用 G 指令

G 代码	组别	用于数控车床的功能	用于数控铣床的功能
G00	01	快速定位	快速定位
G01		直线插补	直线插补
G02		顺时针圆弧插补	顺时针圆弧插补
G03		逆时针圆弧插补	逆时针圆弧插补
G04	00	暂停	暂停
G15	18	×	极坐标指令取消
G16		×	极坐标指令
G17	16	*XY* 平面选择	*XY* 平面选择
G18		*ZX* 平面选择	*ZX* 平面选择
G19		*YZ* 平面选择	*YZ* 平面选择
G20	06	英制(in)	英制(in)
G21		米制(mm)	米制(mm)
G28	00	参考点返回	参考点返回
G32	01	螺纹切削	螺纹切削

（续表）

G代码	组别	用于数控车床的功能	用于数控铣床的功能
G40	07	刀尖半径补偿取消	刀尖半径补偿取消
G41		刀尖半径左补偿	刀尖半径左补偿
G42		刀尖半径右补偿	刀尖半径右补偿
G43	01	×	刀具长度正补偿
G44		×	刀具长度负补偿
G49		×	刀具长度补偿取消
G50	00	工件坐标原点、最大主轴速度设置	取消比例
G51		×	比例
G54～G59	14	工件坐标系设置	工件坐标系设置
G68	16	×	坐标系旋转
G69		×	坐标系旋转取消
G70	00	精车循环	×
G71		内、外圆粗车复合循环	×
G72		端面粗车复合循环	×
G73		仿形车削复合循环	深孔钻孔固定循环
G74		端面钻孔复合循环	反螺纹攻丝固定循环
G75		外圆切槽复合循环	精镗固定循环
G76		螺纹切削复合循环	精镗固定循环
G80	00	×	固定循环取消
G81		×	钻孔固定循环
G82		×	钻孔固定循环
G83		×	深孔钻孔固定循环
G90	01	内、外圆车削单一循环	绝对值编程
G91		×	增量值编程
G92		螺纹切削单一循环	设定工件坐标系
G94		端面车削单一循环	每分钟进给速度
G96	02	恒表面速度设置	×
G97		恒表面速度设置取消	×
G98	05	每分钟进给	返回起始平面
G99		每转进给	返回 R 平面

对表 1－13 说明如下：

(1) G 指令中的前置“0”可以省略，如 G01 可以用 G1 代替。

(2) G 指令根据其功能可分为若干个组。如果在一个程序段中出现几个同组的 G 指令，那么最后一个指令有效。常用指令 G00、G01、G02、G03 为同组。

(3) 表 1－13 中的“×”符号表示该 G 代码不适用于这种机床。

(4) G 指令组别中 00 组的 G 代码为非模态指令，其他 G 代码均为模态指令。有些 G 指令，如 G00、G01、G02、G03 等，在程序段中一经指定，如无同一组指令替代，便一直有效，下段继续使用可省略不写，这样的指令为续效指令。例如：

N140 G01 Y-30. ;

N150 G01 X-25. ;

N160 G01 Y-5. ;

……

可以写成：

N140 G01 Y-30. ;

N150 X-25. ;

N160 Y-5. ;

3. 坐标功能字

坐标功能字表示刀具在加工时的移动方向和位移量，由坐标地址符和带正、负号的数字组成，如 *X*20.0、*Y*-40.0。坐标字的地址符较多，其中 *X*、*Y*、*Z* 表示直线坐标，*R* 指圆弧半径等。

(1) 坐标使用的长度单位有公制和英制两种。FANUC-0i 系统用 G21 表示公制，G20 表示英制。我国一般使用公制尺寸，程序中的数据均为公制，单位为 mm。

(2) 坐标字中的数字，既可以使用小数(小数点编程)也可以使用整数(脉冲数编程)。例如：*X*50.0 或 *X*50. 均表示 *X* 坐标为 50 mm；如果不写小数点，就表示用脉冲数编程，*X*50 一般表示 *X* 坐标为 0.05 mm。

(3) 当 *X*、*Y*、*Z* 的数值不变，下一个程序段继续使用时，坐标字可省略不写。例如：

N110 G00 X0 Y-5. ;

N130 G01 X25. Y-5. F100;

N140 G01 X25. Y-30. ;

N150 G01 X-25. Y-30. ;

N160 G01 X-25. Y-5. ;

可以写成：

N110 G00 X0 Y-5. ;

N130 G01 X25. Y-5. F100;

N140 G01 Y-30. ;

N150 G01 X-25. ;

N160 G01 Y-5. ;

4. 进给功能字

进给功能字表示刀具运动时的进给速度，由地址符 F 及后面的数字组成，称为进给速度指令。后面的数字表示所选定的进给速度，其单位取决于程序中进给速度的指定方法。

铣床进给速度单位为 mm/min(毫米/分钟)。当 F 的数值保持不变时，下一个程序段可省略不写。在实际加工过程中，进给速度可以借助机床控制面板上的进给倍率开关进行调整。

5. 主轴功能字

主轴功能字由地址符 S 及后面的数字组成，称主轴转速指令，后面的数字表示主轴转速，单位为 m/min(米/分钟)。切削线速度 V_c 和转速 n 之间的关系为

$$V_c = \pi dn / 1\,000$$

式中　V_c——切削线速度(m/min)；

d——切削部位直径(mm)；

n——主轴转速(r/min)。

当选择切削线速度控制主轴转速时，在加工过程中切削线速度保持恒定；当 S 后面的数值保持不变时，下一个程序段可省略不写。在实际加工过程中，主轴转速可以借助机床控制面板上的主轴信率开关进行修调。

6. 刀具功能字

刀具功能字由地址符 T 和后面的数字组成，称为刀具指令。数控铣床中，刀具功能只表示刀具号，而刀具补偿由地址符 D 指定。

7. 辅助功能字

辅助功能字由辅助地址符 M 和后面的两位数字组成，简称 M 代码或 M 指令，主要用于数控机床开关的控制，使机床进行一些辅助性动作，FANUC-0i 常用 M 指令见表 1-14。

表 1-14　FANUC-0i 常用 M 指令

代码	功能说明	注　释
M00	程序暂停	执行 M00 指令后，停止执行下段程序；按循环启动按钮后，程序继续执行；用于加工过程中如手动换刀、测量工件、排除切屑和工件调头等
M01	程序选择性暂停	选“选择停止”按钮，执行 M01 指令则停止执行程序，未选“选择停止”按钮，M01 指令无效，继续执行程序
M02	程序结束	程序的结尾，表示加工结束，主轴转动、切削进给、切削泵停止
M03	主轴正转	从主轴后端往前端看，主轴顺时针方向旋转
M04	主轴反转	从主轴后端往前端看，主轴逆时针方向旋转
M05	主轴停转	主轴停止转动
M06	换刀指令	用于铣床或加工中心

（续表）

代码	功能说明	注 释
M08	冷却液开启	开启冷却液
M09	冷却液关闭	关闭冷却液
M30	程序结束	与 M02 相似；不同之处在于，程序结束后，光标会返回程序头
M98	子程序调用	用于子程序调用
M99	子程序结束返回	用于子程序结束返回

8. 程序段结束字

程序段的结束字放在每一程序段的最后，表示程序程序段结束。FANUC-0i 系统用“;”表示。

任务三 设定数控铣床坐标系及其指令

任务目标

1. 能说出机床坐标系和工件坐标系的含义与运动方向。
2. 根据图纸选定工件坐标系。

任务实施

一、机床坐标系和工件坐标系

1. 坐标系与运动方向

1）坐标系

数控机床坐标系与工件坐标系都遵循右手笛卡儿直角坐标系原则。如图 1－6 所示，右手大拇指、示指、中指分别代表 X、Y、Z 三轴，三个手指互相垂直，所指方向分别为 X、Y、Z 轴的正方向。围绕 X、Y、Z 轴的回转运动分别用 A、B、C 表示，其正向用右手螺旋定则确定。

2）运动方向

数控机床运动方向表示法规定，工件静止，而刀具是运动的，多数数控铣床工作台沿 X 与 Y 方向移动，则认定刀具沿工作台相反方向运动，而主轴直接运动切削工件，则认定

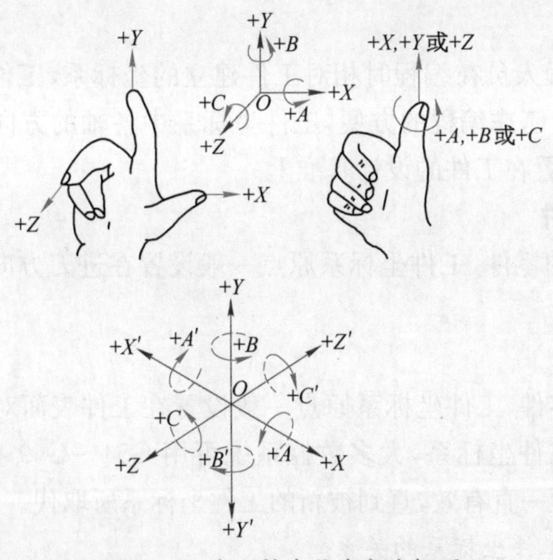

图 1－6　右手笛卡儿直角坐标系

主轴运动方向为刀具运动的 Z 方向。

3）立式铣床坐标系

立式铣床坐标系方向判断方法如图 1－7a 所示，面对机床立柱，向右为 X 轴正方向，向前为 Y 轴正方向，向上为 Z 轴正方向。

4）卧式铣床坐标系

卧式铣床坐标系方向判断方法如图 1－7b 所示，背对机床立柱（操作的人员操作卧式铣床，背对机床立柱便于观察刀具加工），向右为 X 轴正方向，向上为 Y 轴正方向，向后为 Z 轴正方向；如果面对机床立柱观察，则向左为 X 轴正方向，向上为 Y 轴正方向，向前为 Z 轴正方向。

2. 机床坐标系

以机床原点（也称为机床零点）为坐标原点建立起来的直角坐标系称为机床坐标系。机床原点在数控机床上的位置由生产厂家设定，一般情况下，数控铣床机床坐标系原点位置在刀具运动的向右极限、向前极限与向上极限位置。

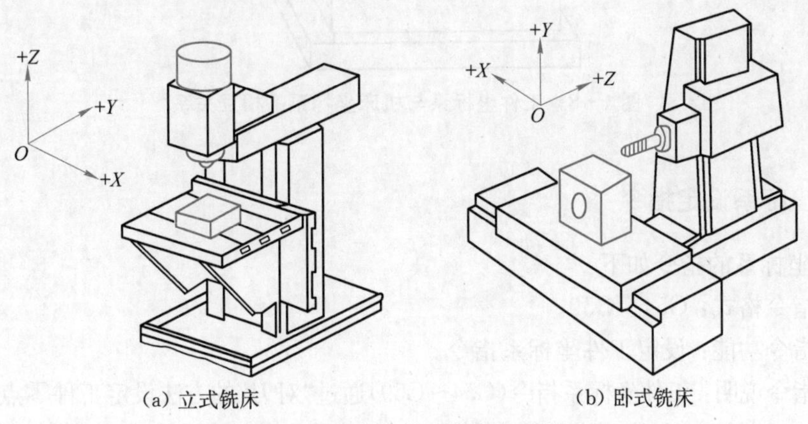

(a) 立式铣床　　(b) 卧式铣床

图 1－7　数控铣床的坐标系统

3. 工件坐标系

工件坐标系是编程人员在编程时相对工件建立的坐标系，工件坐标系的原点又称为工件零点或编程原点。考虑编程的方便，工件坐标系中各轴的方向应该与数控机床坐标系的方向一致，而且设置在工件的设计基准上。

1）非对称形状零件

对于非对称形状的零件，工件坐标系原点一般设置在进刀方向一侧的工件外轮廓表面的某个角上。

2）对称形状零件

对于对称形状的零件，工件坐标系原点一般设置在工件表面对称轴的中心上。在编程开始之前就要设置工件坐标系，大多数控系统可用 G54～G59 指令选择工件坐标系。工件坐标系一旦建立便一直有效，直到被新的工件坐标系所取代。

4. 机床坐标系和工件坐标系的关系

工件安装在机床上，由于工件坐标系和机床坐标系不重合，只能通过“对刀”的方法确定工件坐标系原点相对于机床坐标系原点的距离，从而通过坐标位移方法，用机床坐际系控制刀具轨迹坐标进行铣削加工。工件坐标系与机床坐标系的相互关系如图 1-8 所示。

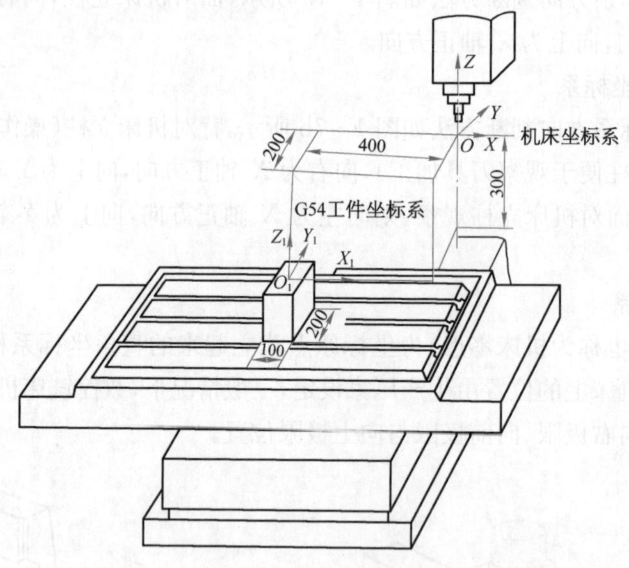

图 1-8　工件坐标系与机床坐标系的相互关系

二、坐标系设定指令

工件坐标系的指令如下：

(1) 指令格式：G54～G59。

(2) 指令功能：设定工件坐标系指令。

(3) 指令说明：工件坐标系指令(G54～G59)通过“对刀”的方法设定工件零点至机床零点的距离，工件零点至机床零点的距离参数通过机床零点偏置方法寄存在数控系统内存中。

任务四　掌握常用指令

任务目标

1. 运用常用基本指令，编写不带刀补功能的简单二维轮廓程序。
2. 准确说出每个指令的功能及使用时的注意事项。

任务实施

一、快速定位指令 G00

1. 快速定位指令 G00 的格式

(1) 指令格式：G00 X_ Y_ Z_。

(2) 指令功能：快速定位。

(3) 指令说明：X_ Y_ Z_为快速定位的目标点坐标。

机床根据制造商设定速度运动，既可设定为各坐标轴单独运动，也可设定为各坐标轴联动。快速运动速度由制造商在机床参数中设定，在操作面板上通过"快速修调"按钮(或倍率旋钮)修正。

2. 快速定位指令 G00 的应用

如图 1－9 所示，刀具从当前 P_1 点快速移动到 P_2(100，70，50)点，其程序为 G00 X100. Y70. Z50.；其运动轨迹可能是折线，要注意避免刀具与工件的碰撞。

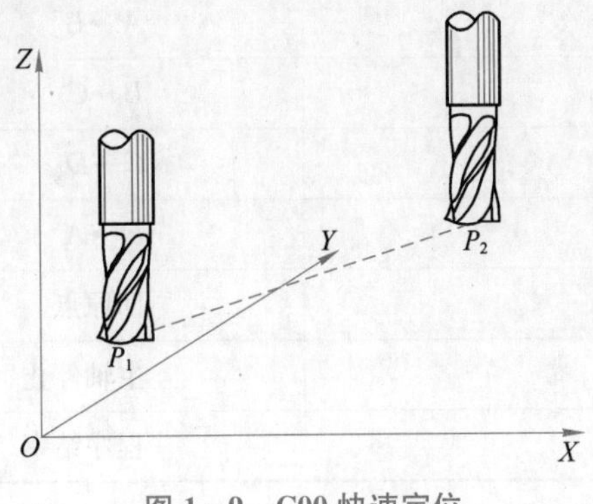

图 1－9　G00 快速定位

二、直线插补指令 G01

1. 直线插补指令 G01 的格式

(1) 指令格式：G01X_ Y_ Z_ F_。

(2) 指令功能：模态指令，具有直线插补功能。

(3) 指令说明：X_ Y_ Z_是直线插补的目标点坐标；F_是合成进给速度。

2. 直线插补指令 G01 的应用

如图 1 - 10 所示，进给速度设为 100 mm/min，主轴转数为 800 r/min，刀具恰在编程原点处。试沿着正方形轨迹编程，直线插补轮廓程序见表 1 - 15。

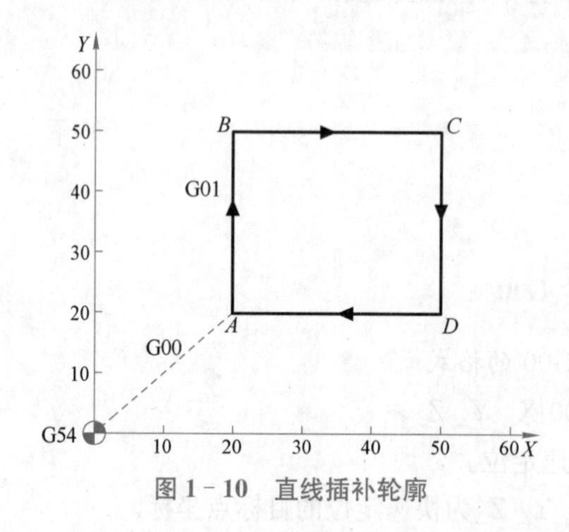

图 1 - 10　直线插补轮廓

表 1 - 15　直线插补轮廓程序

程序	注释
O0002；	程序名
G54 G00 X20. Y20.；	设定工件坐标系
M03 S800；	主轴正转，转速 800 r/min
G01 Y50. F100；	A→B
X50.；	B→C
Y20.；	C→D
X20.；	D→A
G00 X0 Y0；	回原点
M05；	主轴停止
M30；	程序结束

三、绝对坐标指令 G90 与相对坐标指令 G91

1. G90 指令与 G91 指令的格式

(1) 指令格式：G90 或 G91。

(2) 指令功能：G90 设定绝对坐标编程，G91 设定相对坐标编程。

(3) 指令说明：G90 为模态指令，表示绝对坐标编程，坐标值为相对于编程原点的距离；G91 为模态指令，表示相对坐标编程，坐标值为目标坐标相对于当前坐标的坐标增量。

2. G90 指令与 G91 指令的应用

如图 1-11 所示，要求刀具由原点按顺序移动到 1、2、3 点，G90 与 G91 指令应用程序见表 1-16。

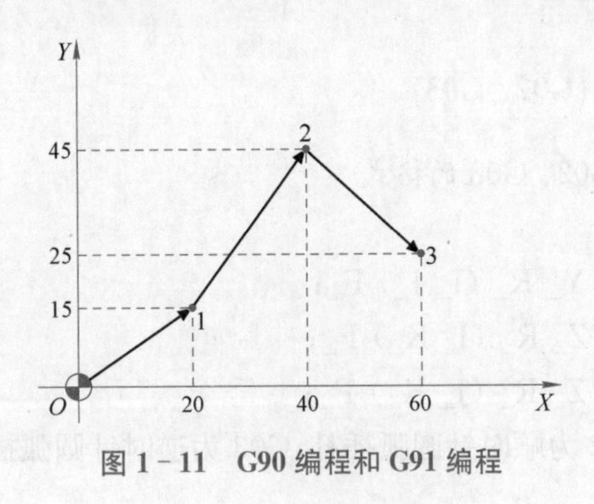

图 1-11　G90 编程和 G91 编程

表 1-16　G90 与 G91 指令应用

G90 编程	G91 编程
O0001；	O0001；
G92X0. Y0. Z10.；	G92X0. Y0. Z10.；
G90G01X20. Y15.；	G91G01X20. Y15.；
X40. Y45.；	X20. Y30.；
X60. Y25.；	X20. Y-20.；

选择合适的编程方式可使编程简化。当图纸尺寸由一个固定基准给定时，采用绝对方式编程较为方便；而当图纸尺寸是以轮廓顶点之间间距的形式给出时，采用相对方式编程较为方便。

四、加工平面设定指令(G17、G18、G19)

(1) 指令格式：G17、G18、G19。

(2) 指令功能：模态指令，选择刀具插补平面。

(3) 指令说明：G17、G18、G19 指令分别选择 *XY*、*ZX*、*YZ* 插补平面，加工平面选择如图 1-12 所示。

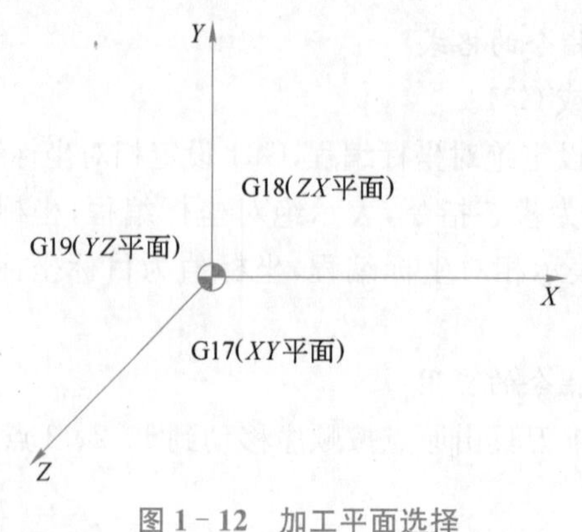

图 1-12　加工平面选择

五、圆弧插补指令(G02、G03)

1. 圆弧插补指令 G02、G03 的格式

(1) 指令格式：

G17 G02(G03) X_ Y_ R_ (I_ J_) F_;

G18 G02(G03) X_ Z_ R_ (I_ K_) F_;

G19 G02(G03) Y_ Z_ R_ (J_ K_) F_;

(2) 指令功能：G02 为顺时针圆弧插补，G03 为逆时针圆弧插补。

(3) 指令说明：

G17 表示 *XY* 平面插补圆弧，G18 表示 *ZX* 平面插补圆弧，G19 表示 *YZ* 平面插补圆弧。

X_Y_Z：圆弧终点坐标值。

R_：圆弧半径，当圆弧圆心角小于 180°为(劣弧)时，*R* 为正值；当圆弧圆心角大于 180°为(优弧)时，*R* 为负值。

I_J_K_：圆心相对于圆弧起点坐标增量。

F_：进给速度，切削圆弧时，*F* 为插补坐标轴的合成进给速度。

2. 编写圆弧插补指令注意事项

1) 圆弧切削方向的判断

依右手坐标系法则，视不在圆弧平面内坐标轴(即平面法线方向)的正方向往负方向看，顺时针圆弧为 G02，逆时针圆弧为 G03。不同平面 G02 和 G03 的选择如图 1-13 所示。

2) *I*、*J*、*K* 规定

I、*J* 和 *K* 后的数值是从起点向圆弧中心看的矢量分量，不管是 G90 编程还是 G91 编程，*I*、*J*、*K* 总是增量值。*I*、*J* 和 *K* 必须根据方向指定其符号(正或负)，也等于圆心的坐标减去圆弧起点的坐标，带符号；*I*、*J*、*K* 的选择如图 1-14 所示。

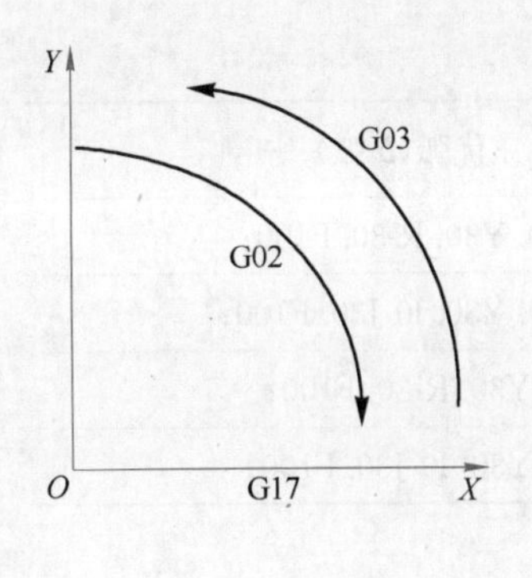

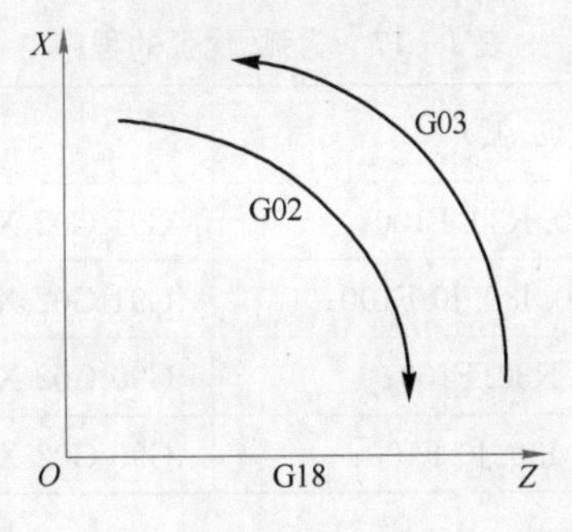

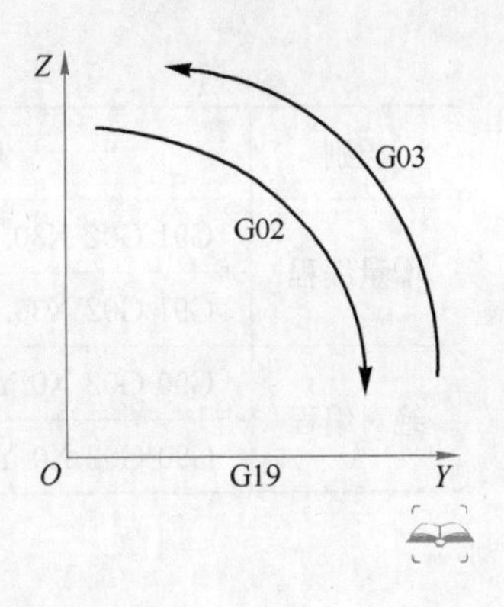

图 1－13　不同平面 G02 和 G03 的选择

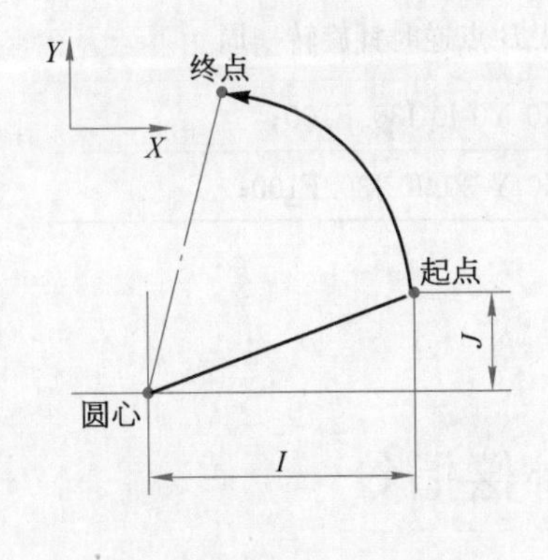

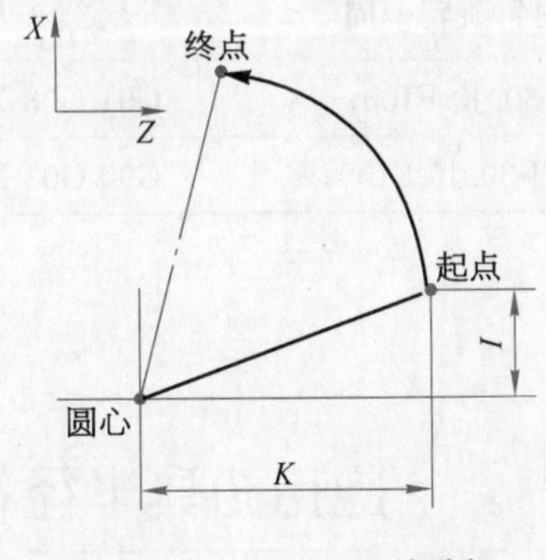

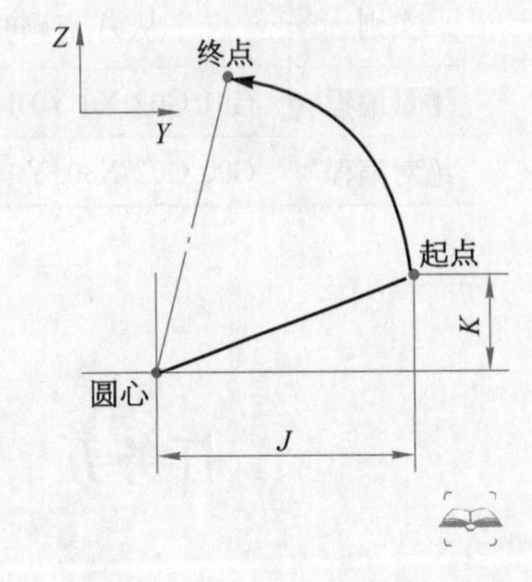

图 1－14　*I*、*J*、*K* 的选择

3）整圆铣削加工

整圆编程时圆弧半径不可使用代码 R，只能使用代码 I、J、K。

4）圆弧插补指令增量坐标表示法

G91 指令编程，*X*、*Y*、*Z* 坐标为圆弧终点相对于圆弧起点的增量值。

3. 圆弧插补指令 G02/G03 的应用

使用 G02 对劣弧、优弧、整圆的编程，如图 1－15 所示，劣弧 *a* 和优弧 *b*（程序见表 1－17）和整圆（程序见表 1－18）编程。

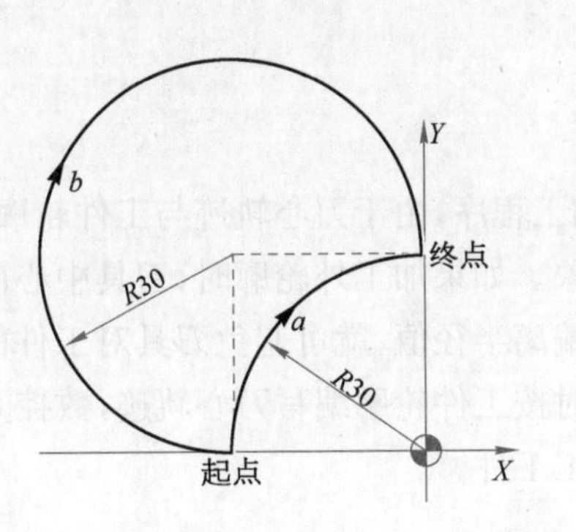

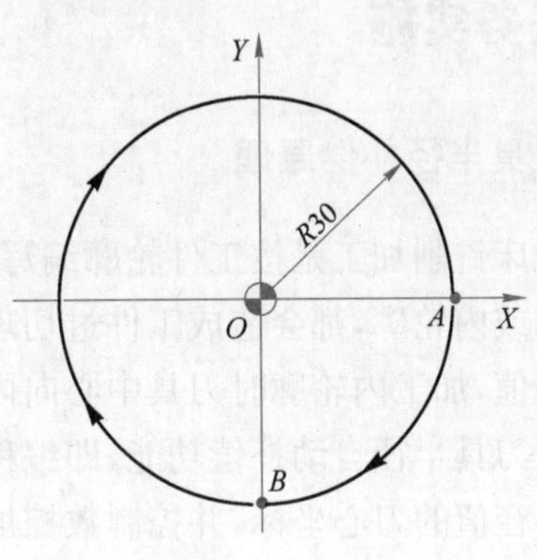

图 1－15　劣弧、优弧、整圆的编程

表 1-17 劣弧、优弧的程序

类别	劣弧(a 弧)	优弧(b 弧)
增量编程	G91 G02 X30. Y30. R30. F100;	G91 G02 X30. Y30. R-30. F100;
	G91 G02 X30. Y30. I30. J0 F100;	G91 G02 X30. Y30. I0 J30. F100;
绝对编程	G90 G02 X0 Y30. R30. F100;	G90 G02 X0 Y30. R-30. F100;
	G90 G02 X0 Y30. I30. J0 F100;	G90 G02 X0 Y30. I0 J30. F100;

表 1-18 整圆的程序

类别	从 A 点顺时针旋转一周	从 B 点逆时针旋转一周
增量编程	G91 G02 X0 Y0 I-30. J0 F100;	G91 G03 X0 Y0 I0 J30. F100;
绝对编程	G90 G02 X30. Y0 I-30. J0 F100;	G90 G03 X0 Y-30. I0 J30. F100;

任务五 应用刀具半径补偿指令

任务目标

1. 能说出刀具半径补偿功能的原理及使用时的注意事项。
2. 准确运用 G41、G42 指令,编写带刀补功能的简单二维轮廓程序。

任务实施

一、刀具半径补偿原理

数控铣床铣削加工是按工件轮廓编写加工程序,由于刀心轨迹与工件轮廓重合,无论加工外轮廓或内轮廓,都会造成工件过切现象。如果加工外轮廓时,刀具中心向工件轮廓外偏离半径值,加工内轮廓时刀具中心向内偏离半径值,就可避免刀具对工件的过切。数控系统具备刀具半径自动补偿功能,即编程时按工件轮廓编写刀心轨迹,数控系统能自动计算偏离半径值的刀心坐标,并控制数控加工工件。

二、刀具半径补偿指令与编程

1. 刀具半径补偿指令 G40、G41、G42 的格式

(1) 指令格式：G17 G41(G42) G00(G01) D_ (F_)；

G17 G40 G00(G01) X_ Y_ (F_)；

(2) 指令功能：模态指令，具有建立或撤销刀具半径补偿功能。

(3) 指令说明如下：

G41：表示左刀补(在刀具前进方向左侧补偿)，如图 1－16 所示；

G42：表示右刀补(在刀具前进方向右侧补偿)，如图 1－16 所示；

G40：表示取消刀具半径补偿；

G17：表示在 *XY* 平面刀具补偿，G18、G19 与 G17 类似；

X_ Y_：表示建立或撤销刀具半径补偿的目标点坐标；

D_：表示刀补中对应的刀具半径补偿值。

2. 刀具半径补偿指令 G40、G41 的应用

用半径补偿指令编程，如图 1－17 所示。半径补偿编程示例见表 1－19。

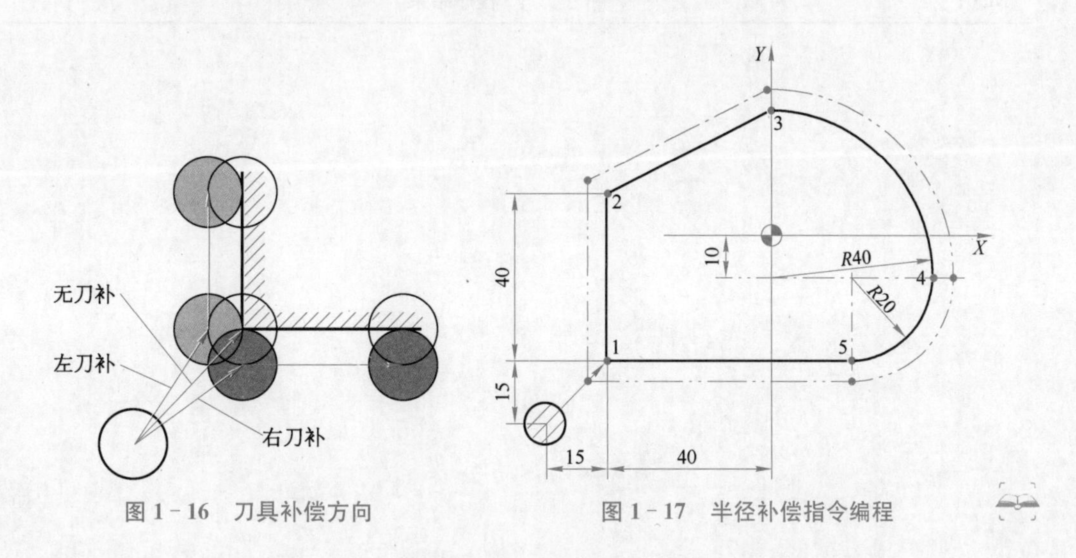

图 1－16 刀具补偿方向 图 1－17 半径补偿指令编程

表 1－19 半径补偿编程示例

程序	注释
O4001；	程序名
G17 G90 G54 G00 X-55. Y-45.；	建立工件坐标系，指定绝对坐标值、*XY* 平面
M03 S1000；	主轴正转，转速 1 000 r/min
G00 Z10.；	快速到达安全平面
M08；	打开切削液

（续表）

程序	注释
G01 Z-5. F80；	直线差补切入指定深度
D01 G41 G01 X-40. Y-30. F100；	开始刀具半径补偿，到达 1 点
G01 X-40. Y 10.；	从 1 点到 2 点
G01 X0 Y30.；	从 2 点到 3 点
G02 X40. Y-10. R40.；	从 3 点到 4 点
G02 X20. Y-30. R20.；	从 4 点到 5 点
G01 X-40. Y-30.；	从 5 点到 1 点
G40 G00 X-55. Y-45.；	取消刀具半径补偿
G00 Z50.；	抬刀
M09；	关闭切削液
M05；	主轴停
M30；	程序结束

项目二 盘类零件加工

项目描述

加工一个中等难度的盘类零件，学习简化数控编程的指令知识，培养学生优化编程的能力。

学习目标

此项目学习结束后，学生能正确编制简单的数控程序，并在数控宇龙仿真软件中正确调试加工程序，同时能对一个盘类零件进行合理的工艺分析，正确建立机床坐标系和工件坐标系，掌握子程序的调用，能应用旋转指令、极坐标指令和镜像指令等G指令进行程序编制。

任务一 分析盘类零件加工工艺

任务目标

1. 能根据给定的图纸准确想象出立体图，并合理安排加工工艺和刀具。
2. 会进行工艺卡片和刀具卡片的正确填写。

任务实施

本项任务的内容是加工如图2-1所示的盘类零件。

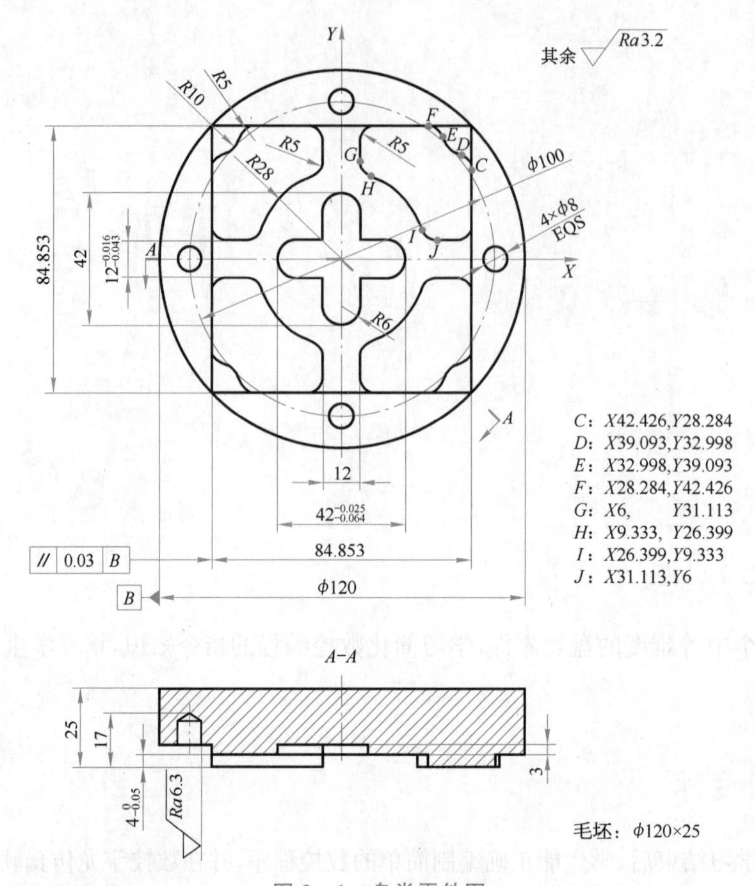

图 2-1　盘类零件图

该工件主要由以下几大块组成：四个凸台轮廓、方形轮廓、十字内槽、孔，主要难点为外轮廓。下面对盘类零件加工工艺及走刀路线进行分析(表 2-1)。

表 2-1　盘类零件加工工艺及走刀路线分析

(1) 四个对称凸台轮廓加工	(2) 方形轮廓加工

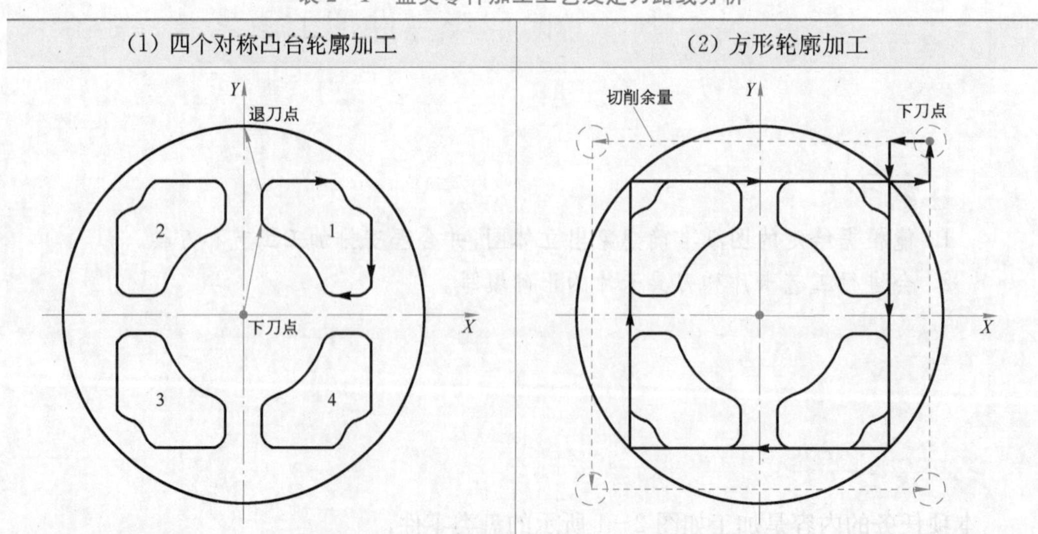

（续表）

（3）十字内槽加工	（4）孔加工

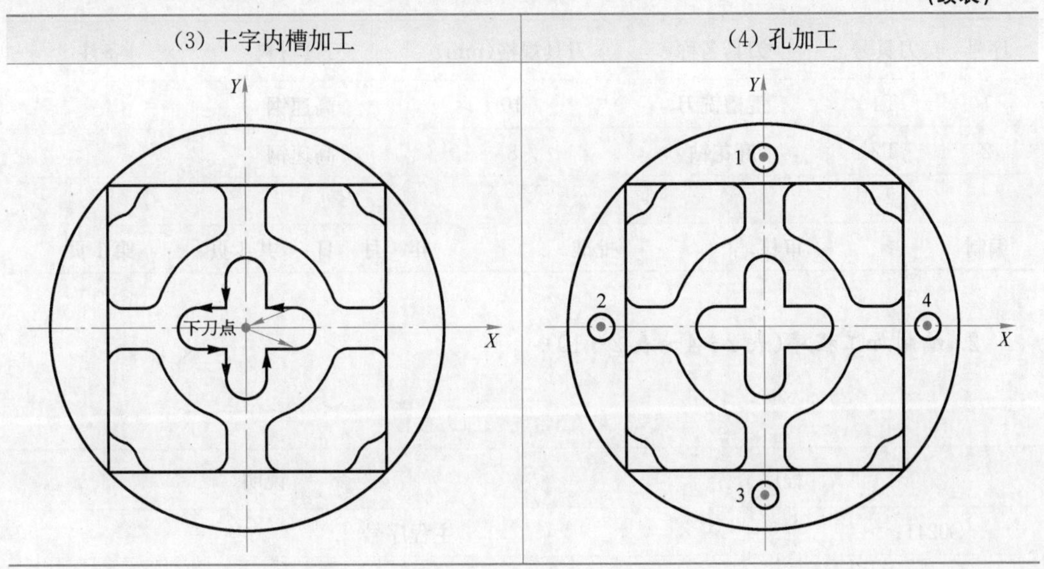

一、根据图纸要求，确定工艺路线

此零件的装夹方式为以三爪卡盘夹 $\phi 120$ 外圆，编程原点为工件表面中心（对于盘类零件，工件坐标系原点一般设置在工件表面的圆心上）。

二、填写加工工艺卡片及刀具卡片并编制程序

1. 填制数控加工工艺卡片（表 2－2）和数控刀具卡片（表 2－3）

表 2－2　数控加工工艺卡片

<table>
<tr><td colspan="4" rowspan="2">盘类零件编程数控加工工艺卡</td><td colspan="2">零件代号</td><td colspan="2">材料名称</td><td>零件数量</td></tr>
<tr><td colspan="2"></td><td colspan="2">45＃</td><td>1</td></tr>
<tr><td>设备名称</td><td>数控铣床</td><td>系统型号</td><td>FANUC-0i</td><td>夹具名称</td><td colspan="2">三爪卡盘</td><td>毛坯尺寸</td><td>φ120×25</td></tr>
<tr><td>工步号</td><td colspan="3">工步内容</td><td>刀具号</td><td>主轴转速（r/min）</td><td>进给量（mm/min）</td><td>背吃刀量（mm）</td><td>备注</td></tr>
<tr><td>1</td><td colspan="3">加工四个对称凸台轮廓</td><td>1</td><td>800</td><td>200</td><td>3</td><td></td></tr>
<tr><td>2</td><td colspan="3">加工方形轮廓</td><td>1</td><td>800</td><td>200</td><td>2</td><td></td></tr>
<tr><td>3</td><td colspan="3">加工十字形槽</td><td>1</td><td>800</td><td>200</td><td>2</td><td></td></tr>
<tr><td>4</td><td colspan="3">钻 4×φ8 孔</td><td>2</td><td>650</td><td>100</td><td>4</td><td></td></tr>
<tr><td></td><td colspan="3"></td><td></td><td></td><td></td><td></td><td></td></tr>
<tr><td>编制</td><td>/</td><td>审核</td><td>/</td><td>批准</td><td>/</td><td>年　月　日</td><td>共 1 页</td><td>第 1 页</td></tr>
</table>

表 2-3　数控刀具卡片

序号	刀具号	刀具名称	刀具规格(mm)	刀具材料	备注
1	T1	键槽铣刀	10	高速钢	
2	T2	麻花钻	8	高速钢	
编制		审核	批准	年　月　日　共 1 页	第 1 页

2. 编制加工程序(表 2-4～表 2-10)

表 2-4　凸台轮廓加工主程序

程序	说明
O0241;	主程序号
G54 G90 G17 G40 G00 G80 G69;	程序头
M03 S800;	主轴正转
Z50.;	
X0 Y0;	快速点定位,工件加工起始点
Z5.;	
G01 Z-2. F50;	
M98 P2411;	调用子程序加工第一象限轮廓
G01 Z-4.;	
M98 P2411;	
G68 X0 Y0 R90.;	
G01 Z-2.;	
M98 P2411;	利用坐标旋转 90°; 调用子程序加工第二象限轮廓
G01 Z-4.;	
M98 P2411;	
G68 X0 Y0 R180.;	
G01 Z-2.;	
M98 P2411;	利用坐标旋转 180°; 调用子程序加工第三象限轮廓
G01 Z-4.;	
M98 P2411;	

（续表）

程序	说明
G68 X0 Y0 R270.；	利用坐标旋转 270°； 调用子程序加工第四象限轮廓
G01 Z-2.；	
M98 P2411；	
G01 Z-4.；	
M98 P2411；	
G69；	取消坐标旋转
G00 Z50.；	退刀
M30；	程序结束

表 2-5　凸台轮廓加工子程序

程序	注释
O2411；	子程序号
G01 X0 Y0；	定位，工件加工起始点
G41 G01 X6. Y31. 113 D01 F200；	建立刀具半径补偿
G01 Y37. 426；	加工外轮廓 1
G02 X11. Y42. 426 R5.；	
G01 X28. 284 Y42. 426；	
G02 X32. 998 Y39. 093 R5.；	
G03 X39. 093 Y32. 988 R10.；	
G02 X42. 426 Y28. 284 R5.；	
G01 Y11.；	
G02 X37. 426 Y6. R5.；	
G01 X31. 113；	
G02 X26. 399 Y9. 333 R5.；	
G03 X9. 333 Y26. 399 R28.；	
G02 X6. Y31. 113 R5.；	
G01 Y50.；	
G40 G01 X0. Y60.；	取消刀具半径补偿
G00 Z2.；	退刀
G00 X0 Y0；	退刀
M99；	子程序结束

表 2-6　方形轮廓加工主程序

程序	注释
O2412;	程序号
G54 G90 G17 G40 G00 G80 G69;	程序头
M03 S800;	主轴正转
Z50.;	快速点定位,工件加工起始点
X55. Y55.;	
Z5.;	
G01 Z-2. F50;	第一深度 调用子程序加工
M98 P2413;	
G01 Z-4. F50;	第二深度 调用子程序加工
M98 P2413;	
G01 Z-6. F50;	第三深度 调用子程序加工
M98 P2413;	
G01 Z-7. F50;	第四深度 调用子程序加工
M98 P2413;	
G00 Z50.;	退刀
M30;	程序结束

表 2-7　方形轮廓加工子程序

程序	说明
O2413;	子程序号
G01 X55. Y55. F100;	定位,工件加工起始点
Y-55.;	去余量
X-55.;	
Y55.;	
X55.;	定位
G01 G41 X42.426 D01;	建立刀具半径补偿加工轮廓
Y42.426;	
Y-42.426;	加工外轮廓 2
X-42.426;	
Y42.426;	
X42.426;	

（续表）

程序	说明
X55.；	
G40 G01 X55. Y55.；	取消刀具半径补偿
M99；	子程序结束

表 2-8　内槽加工主程序

程序	注释
O2414；	程序号
G54 G90 G17 G40 G00 G80 G69；	程序头
M03 S800；	主轴正转
Z50.；	快速点定位，工件加工起始点
X0 Y0；	
Z5.；	
G01 Z-2. F50；	第一深度 调用子程序加工
M98 P2415；	
G01 Z-4. F50；	第二深度 调用子程序加工
M98 P2415；	
G01 Z-6. F50；	第三深度 调用子程序加工
M98 P2415；	
G01 Z-7. F50；	第四深度 调用子程序加工
M98 P2415；	
G00 Z50.；	退刀
M30；	程序结束

表 2-9　内槽加工子程序

程序	注释
O2415；	子程序号
G41 G01 X15. Y-6. D01 F200；	建立刀具半径补偿加工轮廓
G03 Y6. R6.；	铣削十字槽
G01 X6.；	

（续表）

程序	注释
Y15.；	
G03 X-6. R6.；	
G01 Y6.；	
X-15.；	
G03 Y-6. R6.；	
G01 X-6.；	
Y-15.；	
G03 X6. R6.；	
G01 Y-6.；	
X15.；	
G03 Y6. R6.；	
G40 G01 X0 Y0；	取消刀具半径补偿
M99；	子程序结束

表 2－10　孔加工程序

程序	注释
O2416；	程序号
G54 G90 G17 G40 G00 G80 G69；	程序头
M03 S800；	主轴正转
Z50.；	快速点定位，工件加工起始点
X0 Y0；	
G99 G83 X0 Y50. Z-17. R3. Q4. F50；	钻孔循环第一个孔
X-50. Y0；	钻孔循环二个孔
X0 Y-50.；	钻孔循环三个孔
G98 X50. Y0；	钻孔循环四个孔
G80；	取消钻孔循环
G00 Z50.；	退刀
M30；	程序结束

任务二　掌握常用指令

任务目标

1. 运用子程序、极坐标、旋转和镜像指令，编写带刀补功能的简单二维轮廓程序。
2. 准确说出每条指令的功能及使用时的注意事项。

任务实施

一、子程序指令

编程时，为了简化程序的编制，当一个工件上有相同的加工内容时，常用调子程序的方法进行编程。调用子程序的程序叫做主程序。子程序的编号与一般程序基本相同，只是程序结束字为M99表示子程序结束，并返回到调用子程序的主程序中。

1. 子程序调用指令(M98)

(1) 指令格式：M98 P××××××××。(注：×代表数字)

(2) 指令功能：具有调用子程序功能。

(3) 指令说明：P表示子程序调用情况。前四位为调用次数(省略时为调用一次)，后四位为所调用的子程序号。如M98P0510；调用子程序0510只1次。如M98P100510；调用子程序0510只10次。

2. 子程序返回指令(M99)

子程序的编写与主程序基本相同，只是程序结束时用M99指令，表示子程序结束并返回到调用子程序的主程序中。

3. 子程序的应用

在主程序中调用子程序的过程举例见表2-11。

表2-11　子程序调用举例

主程序	子程序
O0010；	O1010；
N0010 ……；	N0010 ……；
N0020 M98 P21010；	N0020 ……；

（续表）

主程序	子程序
N0030 ……；	N0030 ……；
N0040 M98 P1010；	N0040 ……；
N0050 ……；	N0050 M99；
N0060 ……；	
N0070 M30；	

（1）程序说明：主程序执行到 N0020 时转去执行 O1010 子程序，重复执行两次后继续执行 N0030 程序段。在执行 N0040 时又转去执行 O1010 子程序一次，返回时又继续执行 N0050 及其后面的程序。

（2）实例：加工如图 2-2 所示的零件，加工程序见表 2-12、表 2-13。

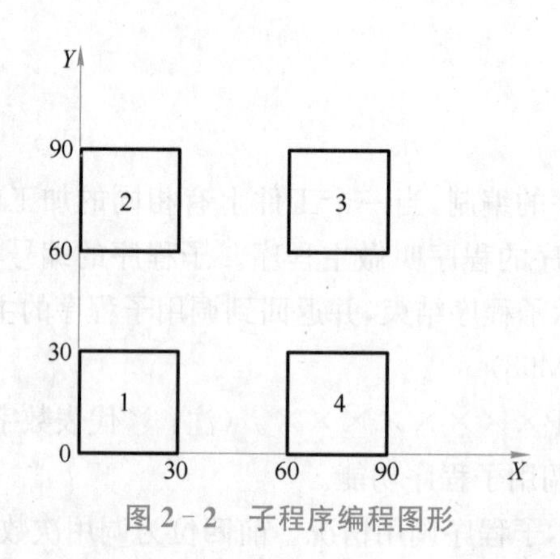

图 2-2　子程序编程图形

表 2-12　主程序

主程序	说明
O1000；	主程序名
G54 G90 G00 Z100.0；	建立工件坐标系
M03 S800；	主轴正转，转速 800 r/min
M08；	开冷却液
G00 Z3.；	快进到工件上方
G00 X0 Y0；	定位到 1 号正方形左下角
M98 P1010；	调用子程序
G00 X0 Y60.；	定位到 2 号正方形左下角
M98 P1010；	调用子程序

（续表）

主程序	说明
G00 X60. Y60.；	定位到 3 号正方形左下角
M98 P1010；	调用子程序
G00 X60. Y0；	定位到 4 号正方形左下角
M98 P1010；	调用子程序
G00 Z100. 0；	退刀
M09；	关冷却液
M05；	主轴停止
M30；	程序结束

表 2－13 子程序

子程序	说明
O1010；	子程序名
G91；	增量编程方式
G01 Z-5. 0 F100；	切削深度 2 mm
Y30.；	加工外轮廓轨迹
X30.；	
Y-30.；	
X-30.；	
G01 Z5. 0；	抬刀
G90；	绝对编程方式
M99；	子程序结束

二、极坐标指令

极坐标指令 G16/G15，坐标值可以用极坐标（半径和角度）输入。角度的正向是所选平面的第 1 轴正向的逆时针转向，而负向是顺时针转向（第 1 轴正向角度为 0）。半径和角度两者可以用绝对值指令或增量值指令（G90、G91）。

1. 极坐标指令 G16/G15 的格式

(1) 指令格式：

G17 G90(G91) G16；

G00 IP_；

……；

G15；

(2) 指令功能：建立或取消极坐标方式编程。

(3) 指令说明如下：

G16：表示极坐标开始指令。

G15：表示极坐标取消指令。

G17：极坐标平面选择，G18、G19 与 G17 类似。

G90：表示工件坐标系的零点作为极坐标系的原点，从该点测量半径。“G90 G16”示意图如图 2-3 所示。

G91：表示当前位置作为极坐标系的原点，从该点测量半径。“G91 G16”示意图如图 2-4 所示。

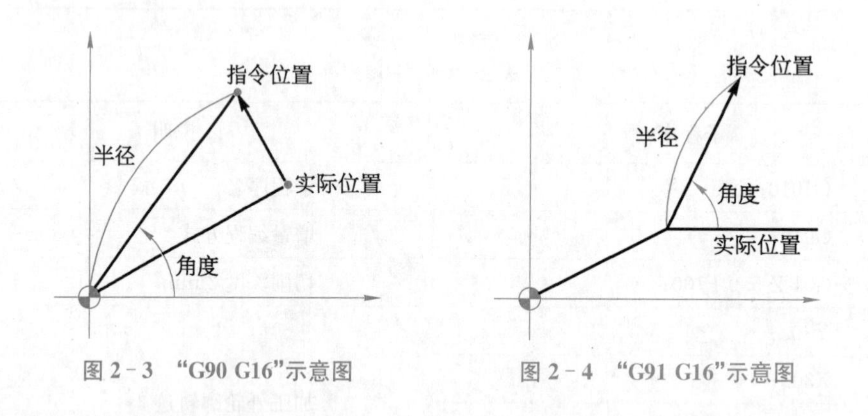

图 2-3　“G90 G16”示意图　　图 2-4　“G91 G16”示意图

IP_：表示指定极坐标轴地址及其值。第 1 轴：极坐标半径；第 2 轴：极角。

2. 极坐标指令 G16/G15 的应用

如图 2-5 所示，使用极坐标指令编写铣削正六边形的凸台，毛坯直径 80 mm，切削深度 3 mm。极坐标程序见表 2-14。

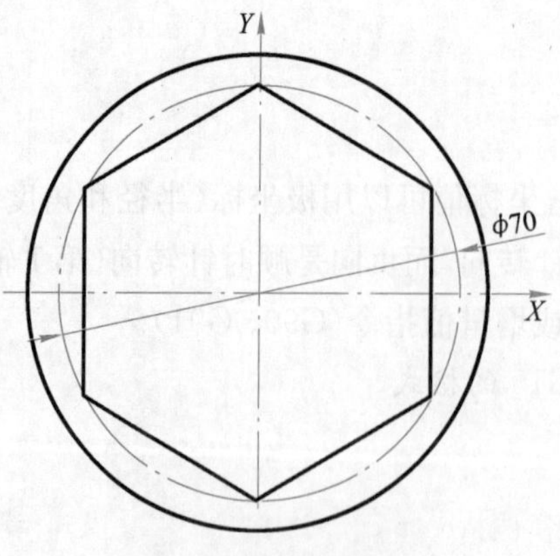

图 2-5　极坐标编程图形

表 2-14　极坐标程序

程序(G90 G16)	程序(G91 G16)	说明
O0006；	O0006；	程序名
G54 G90 G00 X0 Y0 Z100.0；	G54 G90 G00 X0 Y0 Z100.0；	建立工件坐标系
M03 S1000；	M03 S1000；	主轴正转
Y50.0；	Y50.0；	定位
Z5.0 M08；	Z5.0 M08；	
G01 Z-3.0 F50；	G01 Z-3.0 F50；	铣削深度 3 mm
G42 G01 X0 Y35.0 D01 F100；	G42 G01 X0 Y35.0 D01 F100；	建立刀补
G16；	G91 G16；	开始极坐标方式编程
X35.0 Y150.0；	X35.0 Y210.0；	加工正六边形轮廓
Y210.0；	X35.0 Y60.0；	
Y270.0；	X35.0 Y60.0；	
Y330.0；	X35.0 Y60.0；	
Y30.0；	X35.0 Y60.0；	
Y90.0；	X35.0 Y60.0；	
G15；	G90 G15；	取消极坐标方式编程
G40 G01 X0 Y50.0；	G40 G01 X0 Y50.0；	取消刀补
G00 Z10.0；	G00 Z10.0；	退刀
M05；	M05；	主轴停止
M30；	M30；	程序结束

三、坐标系旋转指令

坐标系旋转指令可使编程图形按照指定旋转中心及旋转方向旋转一定的角度。

1. 坐标系旋转指令 G68/G69 的格式

(1) 指令格式：

G68 X_ Y_ R_；

……；

G69；

(2) 指令功能：具有开始或结束坐标系旋转功能。

(3) 指令说明如下：

G68 表示开始坐标系旋转；

G69 表示结束坐标系旋转；

X_Y_：表示旋转中心的坐标值；

R_：表示旋转角度，逆时针旋转定义为正方向，顺时针旋转定义为负方向。

2. 坐标系旋转指令 G68/G69 的应用

坐标系旋转指令 G68/G69 的应用见本项目任务一中的表 2-4、表 2-5。

四、镜像指令

当工件相对于某一轴具有对称形状时，可以利用镜像功能和子程序，只对工件的一部分进行编程，而能加工出工件的对称部分，这就是镜像功能，此镜像功能适用于 FANUC-0i 仿真系统。

1. 镜像指令的格式

(1) 指令格式：

G51 X_ Y_ I_ J_；

……(M98 P_)；

G50；

(2) 指令功能：建立或撤销镜像功能。

(3) 指令说明如下：

G51 表示建立镜像；G50 取消镜像。

X_Y_：表示镜像位置。

I_ J_：表示镜像轴。

G51X0Y0I-1. J1. 表示在原点对 X 负半轴建立镜像，G51X0Y0I-1. J-1. 表示在原点对第三象限建立镜像，G51X0Y0I1. J-1. 表示在原点对 Y 负半轴建立镜像。

2. 镜像指令的应用

使用镜像功能编程图形如图 2-6 所示。设刀具起点距工件上表面 100 mm，切削深度 3 mm。轮廓的加工程序见表 2-15、表 2-16。

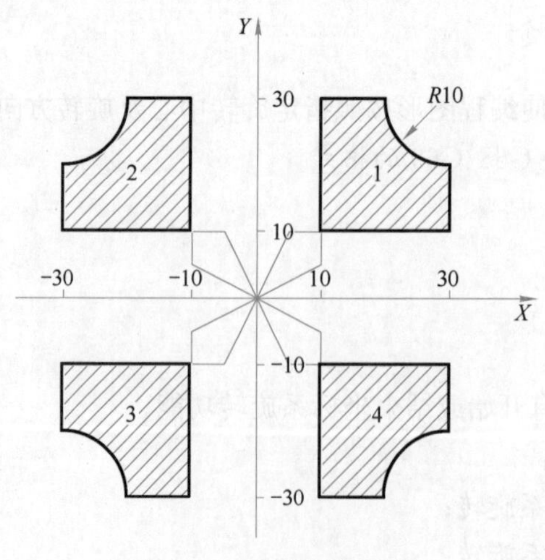

图 2-6　镜像编程图形

表 2-15 主程序

主程序	注释
O0011;	主程序名
G90 G54 G00 X0 Y0 Z100.;	建立工件坐标系
M08;	冷却开
M03 S600;	主轴正转
M98 P1000;	调用子程序,加工轮廓 1
G51 X0 Y0 I-1. J1.;	对 Y 轴镜像,镜像位置为 $X=0$
M98 P1000;	调用子程序,加工轮廓 2
G51 X0 Y0 I-1. J-1.;	对原点镜像,镜像位置为(0, 0)
M98 P1000;	调用子程序,加工轮廓 3
G51 X0 Y0 I1. J-1.;	对 X 轴镜像,镜像位置为 $Y=0$
M98 P1000;	调用子程序,加工轮廓 4
G50;	取消镜像
G00 Z100.;	抬刀
M05;	主轴停止
M09;	冷却关闭
M30;	程序结束

表 2-16 子程序

子程序	注释
O1000;	子程序(轮廓 1 的加工程序)
G00 Z5.;	建立刀补
G01 Z-3. F80;	铣削深度 3 mm
D01 G41 G00 X10. Y5. F100;	进刀,建立刀补
G01 Y10.;	
Y30.;	加工轮廓 1
X20.;	
G03 X30. Y20. R10.;	
G01 Y10.;	
X10.;	

(续表)

子程序	注释
X5.;	退刀,取消刀补
G40 G01 X0 Y0;	
G00 Z10.;	抬刀
M99;	子程序结束,返回主程序

任务三 进行仿真加工

任务目标

1. 运用宇龙仿真软件加工简单二维轮廓。
2. 能进行程序调试,对常见问题能想到解决办法。

任务实施

本任务的实施采用 FANUC-0i 标准铣床仿真系统,以 FANUC-0i 数控系统、标准数控铣床为例。

一、机床面板简介

1. CRT/MDI 系统面板

FANUC-0i 铣床的 CRT/MDI 系统面板如图 2-7 所示。左侧为 CRT 显示屏,右侧

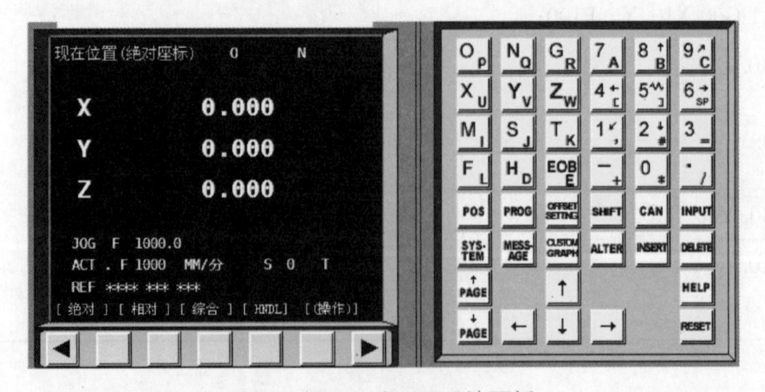

图 2-7 CRT/MDI 系统面板

为 MDI 手动数控输入面板，通过 CRT/MDI 系统面板完成程序名的新建、程序的输入、编辑等，CRT/MDI 系统面板功能键说明见表 2－17。不同点将在后面进行讲解，本节不再重复叙述。

表 2－17　CRT/MDI 系统面板功能键说明

MDI 键	功能说明
↑PAGE ↓PAGE	软键↑PAGE实现左侧 CRT 中显示内容的向上翻页；软键↓PAGE实现左侧 CRT 显示内容的向下翻页
↑ ← ↓ →	移动 CRT 中的光标位置。软键↑实现光标的向上移动；软键↓实现光标的向下移动；软键←实现光标的向左移动；软键→实现光标的向右移动
O_P N_Q G_R X_U Y_V Z_W M_I S_J T_K F_L H_D EOB_E	实现字符的输入，点击SHIFT键后再点击字符键，将输入右下角的字符。例如：点击O_P将在 CRT 的光标所处位置输入“O”字符，点击软键SHIFT后再点击O_P将在光标所处位置处输入“P”字符；软键中的“EOB”将输入“;”号表示换行结束
7 8 9 4 5 6 1 2 3 - 0 .	实现字符的输入，如：点击软键5将在光标所在位置输入“5”字符，点击软键SHIFT后再点击5将在光标所在位置处输入“]”
POS	在 CRT 中显示坐标值
PROG	CRT 将进入程序编辑和显示界面
OFFSET SETTING	CRT 将进入参数补偿显示界面
OFFSET SETTING	在自动运行状态下将数控显示切换至轨迹模式
SHIFT	输入字符切换键
CAN	删除单个字符
INPUT	将数据域中的数据输入到指定的区域
ALTER	字符替换
INSERT	将输入域中的内容输入到指定区域
DELETE	删除一段字符
RESET	机床复位

2. 操作面板

FANUC-0i 铣床操作面板如图 2-8 所示，通过操作面板完成启动、停止、超程释放和紧急停止等，操作面板功能键说明见表 2-18。

图 2-8　操作面板

表 2-18　操作面板功能键说明

按钮	名称	功能说明
	自动运行	按钮被按下后，系统进入自动加工模式
	编辑	按钮被按下后，系统进入程序编辑状态，直接通过操作面板输入数控程序和编辑程序
	MDI	按钮被按下后，系统进入 MDI 模式，手动输入并执行指令
	远程执行	按钮被按下后，系统进入远程执行模式即 DNC 模式，输入输出资料
	单节按钮	按钮被按下后，运行程序时每次执行一条数控指令
	单节忽略	按钮被按下后，数控程序中的注释符号“/”有效
	选择性停止	当此按钮按下后，“M01”代码有效
	机械锁定	锁定机床
	试运行按钮	机床进入空运行状态

（续表）

按钮	名称	功能说明
	进给保持按钮	程序运行暂停，在程序运行过程中，按下此按钮运行暂停。按"循环启动"恢复运行
	循环启动按钮	程序运行开始；处于"自动运行"或"MDI"位置时按下有效，其余模式下使用无效
	循环停止按钮	程序运行停止，在数控程序运行中，按下此按钮停止程序运行
	回原点按钮	机床处于回零模式；机床必须首先执行回零操作，然后才可以运行
	手动按钮	机床处于手动模式，可以手动连续移动
	手动脉冲按钮	机床处于手轮控制模式
	手动脉冲按钮	机床处于手轮控制模式
X	X轴选择按钮	在手动状态下，按下该按钮则机床移动 X 轴
Y	Y轴选择按钮	在手动状态下，按下该按钮则机床移动 Y 轴
Z	Z轴选择按钮	在手动状态下，按下该按钮则机床移动 Z 轴
+	正向移动按钮	手动状态下，点击系统将向所选轴正向移动。回零状态时，点击该按钮将所选轴回零
-	负向移动按钮	手动状态下，点击系统将向所选轴负向移动
快速	快速按钮	按下该按钮，机床处于手动快速状态
	主轴倍率	将光标移至此旋钮上后，通过点击鼠标的左键或右键来调节主轴旋转倍率
	进给倍率	调节主轴运行时的进给速度倍率
	急停按钮	按下急停按钮，使机床移动立即停止，并且所有的输出如主轴的转动等都会关闭
超程释放	超程释放	系统超程释放
	主轴控制	从左至右分别为正转、停止、反转
H	手轮显示	按下此按钮，则可以显示出手轮面板

（续表）

按钮	名称	功能说明
	手轮面板	点击 H 按钮将显示手轮面板
	手轮轴选	手轮模式下，将光标移至此旋钮上后，通过点击鼠标的左键或右键来选择进给轴
	手轮倍率	手轮模式下将光标移至此旋钮上后，通过点击鼠标的左键或右键来调节手轮步长。×1、×10、×100 分别代表移动量为 0.001 mm、0.01 mm、0.1 mm
	手轮	将光标移至此旋钮上后，通过点击鼠标的左键或右键来转动手轮
启动	启动	启动控制系统
停止	停止	关闭控制系统

二、机床启停操作

1. 开机

(1) 点击“启动”按钮 启动，此时铣床电机和伺服控制的指示灯变亮 机床电机 伺服控制。

(2) 检查“急停”按钮，若未松开，点击“急停”按钮，将其松开。

2. 回零

回零是回机床原点或零点的简称。检查操作面板上回原点指示灯是否亮，若指示灯亮，则已进入回原点模式；若指示灯不亮，则点击“回原点”按钮，转入回原点模式。

(1) 在回原点模式下，先将 X 轴回原点，点击操作面板上的“X 轴选择”按钮 X，使 X 轴方向移动指示灯变亮 X，点击 +，此时 X 轴将回原点，X 轴回原点灯变亮 X原点灯，CRT 上的 X 坐标变为“0.000”。

(2) 同样，再分别点击 Y 轴、Z 轴方向按钮 Y、Z，使指示灯变亮，点击 +，此时 Y 轴、Z 轴将回原点，Y 轴、Z 轴回原点灯变亮，X原点灯 Y原点灯 Z原点灯。此时机床完成回零。

3. 关机

在仿真机床中，直接点击右上角的“关闭按钮” ×；或者选择“文件/退出”即可。在真实机床中，关机时，需先按下红色的“急停按钮”。再关闭机床电源，使开关处于

“OFF”状态。最后关闭外部电源,使开关处于“OFF”状态。

三、机床常规操作

1. 机床位置界面

点击 POS 进入坐标位置界面。点击菜单软键[绝对]、菜单软键[相对]、菜单软键[综合],对应 CRT 界面将对应相对坐标、绝对坐标和综合坐标。

2. 手动方式

通常都是在大距离移动时采用 快速 ,从而达到快速移动坐标轴的目的。

3. 手轮方式

对刀时,需精确调节机床,同时也方便操作者观察,可以采用手轮移动的方式。

4. MDI 方式

点击操作面板上的 MDI 键按钮,使其指示灯变亮,进入 MDI 模式。在 MDI 键盘上按 PROG 键,进入 MDI 编辑页面。对刀时,能通过 MDI 方式对刀具进行调用,如加工中心需要进行换刀时,可以输入:G28U0W0;T01M06;循环启动即调用 1 号刀具。在 MDI 方式下,也可实现主轴转速设定,以及去除部分余料等。

四、数控铣床对刀

数控铣床对刀之前先要安装刀具,装刀具的过程比较简单,通过选择所需的刀具,直接装入主轴。

数控程序一般按工件坐标系编程,对刀的过程就是建立工件坐标系与机床坐标系之间关系的过程。下面将具体说明铣床对刀的方法。将工件上表面中心点设为工件坐标系原点。一般铣床和加工中心在 X、Y 方向对刀时使用的基准工具为“刚性靠棒”。

刚性靠棒采用检查塞尺松紧的方式对刀,可采用将零件放置在基准工具的左侧(正面视图)的方式,具体过程如下:

点击菜单“机床/基准工具…”,弹出的基准工具对话框中,左边的是刚性靠棒基准工具,右边的是寻边器,基准工具如图 2－9 所示。寻边器进行 X 轴对刀如图 2－10 所示。

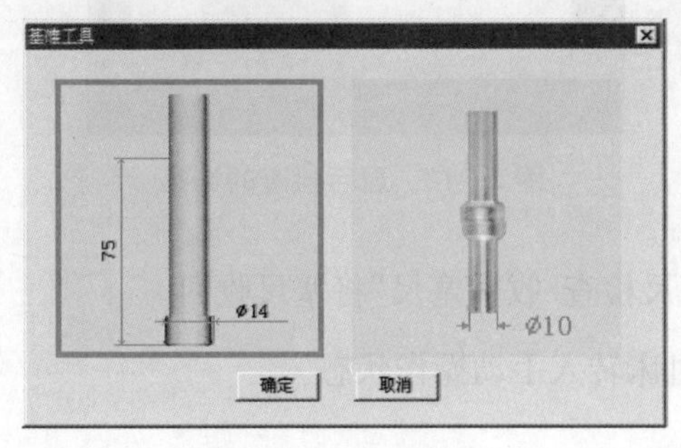

图 2－9　基准工具

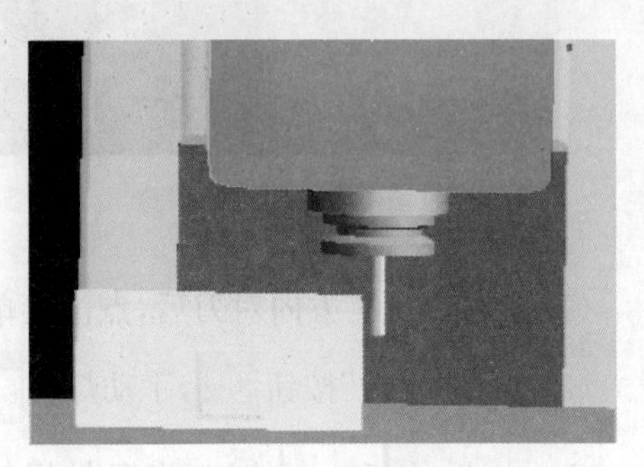

图 2－10　进行 X 轴对刀

1. X 轴方向对刀

（1）点击操作面板中的“手动”按钮，手动状态灯亮，进入“手动”方式。

（2）点击 MDI 键盘上的 POS，使 CRT 界面上显示坐标值；借助“视图”菜单中的动态旋转、动态放缩和动态平移等工具，适当点击 X、Y、Z 按钮和 +、- 按钮，将机床移动到如图 2－10 所示的大致位置。

（3）移动到大致位置后，可以采用手轮调节方式移动机床，点击菜单“塞尺检查/1 mm”，基准工具和零件之间被插入塞尺。在机床下方显示如图 2－11 所示的局部放大图。（紧贴零件的红色物件为塞尺）

（4）点击操作面板上的“手动脉冲”按钮或，使手动脉冲指示灯变亮，采用手动脉冲方式精确移动机床，点击 H 显示手轮，将手轮对应轴旋钮置于 X 档，调节手轮进给速度旋钮，在手轮上点击鼠标左键或右键精确移动靠棒。使得提示信息对话框显示“塞尺检查的结果：合适”，如图 2－12 所示。

（5）记下塞尺检查结果为“合适”时，CRT 界面中的 X 坐标值，此为基准工具中心的 X 坐标，记为 X_1；将定义毛坯数据时，设定的零件的长度记为 X_2；将塞尺厚度记为 X_3；将基准工件直径记为 X_4（可在选择基准工具时读出）。

（6）工件上表面中心的 X 坐标为基准工具中心的 X 坐标减去零件长度的一半减去塞尺厚度减去基准工具半径，记为 X。

2. Y 轴方向对刀

Y 方向对刀采用同 X 轴一样的方法。得到工件中心的 Y 坐标，记为 Y。

图 2－11 塞尺检查

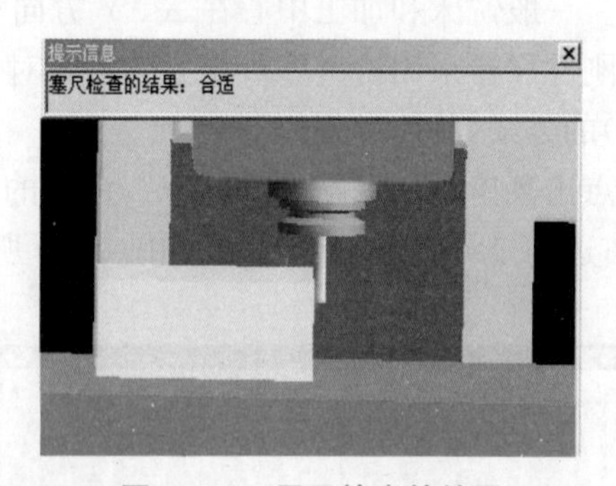

图 2－12 显示检查的结果

（1）完成 X、Y 方向对刀后，点击菜单“塞尺检查/收回塞尺”将塞尺收回。

（2）点击“手动”按钮，手动灯亮，机床转入手动操作状态。

（3）点击 Z 和 + 按钮，将 Z 轴提起。

（4）点击菜单“机床/拆除工具”拆除基准工具。

3. 塞尺法 Z 轴对刀

铣床 Z 轴对刀时采用实际加工时所要使用的刀具。

(1) 点击菜单“机床/选择刀具”或点击工具条上的小图标，选择所需刀具。

(2) 装好刀具后，点击操作面板中的“手动”按钮，手动状态指示灯亮，系统进入“手动”方式。

(3) 利用操作面板上的 X、Y、Z 和 +、- 按钮，将机床移到如图 2-13 所示的大致位置。

(4) 类似在 X、Y 方向对刀的方法进行塞尺检查，得到“塞尺检查：合适”时 Z 的坐标值，记为 Z_1，如图 2-14 所示。坐标值为 Z_1 减去塞尺厚度后数值为 Z 坐标原点，此时工件坐标系在工件上表面。

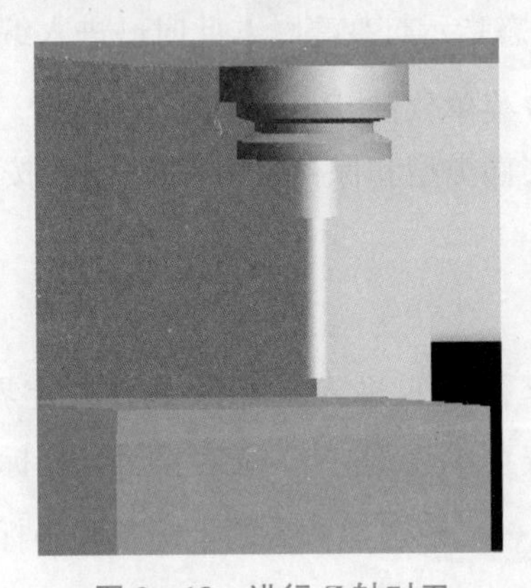

图 2-13　进行 Z 轴对刀

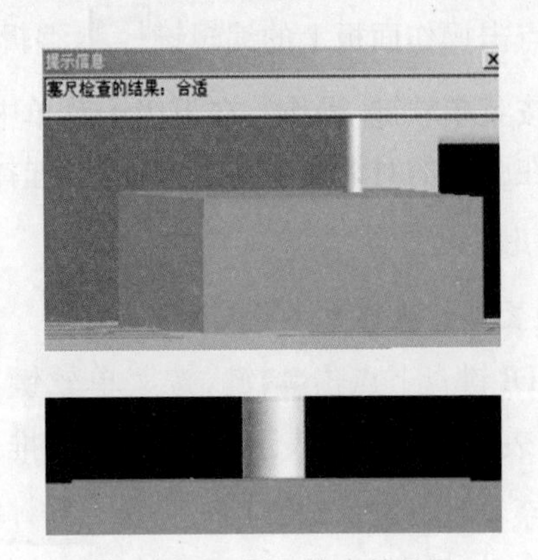

图 2-14　显示检查的结果

五、数控程序处理

1. 程序管理界面

点击 POS 进入程序管理界面，点击菜单软键[LIB]，将列出系统中所有的程序，在所列出的程序列表中选择某一程序名，点击 PROG 将显示该程序。

2. 导入数控程序

数控程序可以通过记事本或写字板等编辑软件输入并保存为文本格式(＊.txt 格式)文件，也可直接用 FANUC-0i 系统的 MDI 键盘输入。

3. 数控程序管理

(1) 显示数控程序目录。

(2) 选择一个数控程序。

(3) 删除一个数控程序。

(4) 新建一个 NC 程序。

4. 数控程序编辑

点击操作面板上的编辑键，编辑状态指示灯变亮，此时已进入编辑状态。点击MDI键盘上的PROG，CRT界面转入编辑页面。选定了一个数控程序后，此程序显示在CRT界面上，可对数控程序进行以下编辑操作：

(1) 移动光标；

(2) 插入字符；

(3) 删除输入域中的数据；

(4) 删除字符；

(5) 替换。

5. 保存程序

编辑好程序后需要进行以下保存操作：

(1) 点击操作面板上的编辑键，编辑状态指示灯变亮，此时已进入编辑状态；

(2) 按菜单软键[操作]，在下级子菜单中按菜单软键[Punch]；

(3) 在弹出的对话框中输入文件名，选择文件类型和保存路径，按“保存”按钮。

六、机床设置参数

1. 设置工件坐标系参数G54～G59

在MDI键盘上点击OFFSET SETTING键，按菜单软键[坐标系]，进入坐标系参数设定界面，输入“0x”，(01表示G54，02表示G55，以此类推)按菜单软键[NO检索]所示，光标停留在选定的坐标系参数设定区域。用方位键 ↑ ↓ ← → 选择所需的坐标系和坐标轴。利用MDI键盘输入通过对刀所得到的工件坐标原点在机床坐标系中的坐标值。

2. 设置铣床及加工中心刀具补偿参数

铣床的刀具补偿包括刀具的半径补偿和长度补偿。

1) 刀具的半径补偿

在加工过程中，数控机床所控制的是刀具中心的轨迹，为了方便起见，用户总是按零件轮廓编制加工程序，因而为了加工所需的零件轮廓，在进行内轮廓加工时，刀具中心必须向零件的内侧偏移一个刀具半径值；在进行外轮廓加工时，刀具中心必须向零件的外侧偏移一个刀具半径值。这种根据零件轮廓编制程序和预先设定偏置参数，数控装置能实时自动生成刀具中心轨迹的功能称为刀具半径补偿功能。

2) 刀具的长度补偿

长度补偿参数在刀具表中按需要输入。FANUC-0i的刀具长度补偿包括形状长度补偿和磨耗长度补偿。

七、机床自动加工

1. 检查运行轨迹

NC程序导入后，可检查运行轨迹。

2. 自动运行操作步骤

(1) 检查机床是否回零,若未回零,先将机床回零。

(2) 导入数控程序或自行编写一段程序。

(3) 点击操作面板上的“自动运行”按钮,使其指示灯变亮。

(4) 点击操作面板上的“循环启动”,程序开始执行。

八、数控铣床仿真加工实例

1. 零件图

加工如图 2-15 所示的铣削零件。

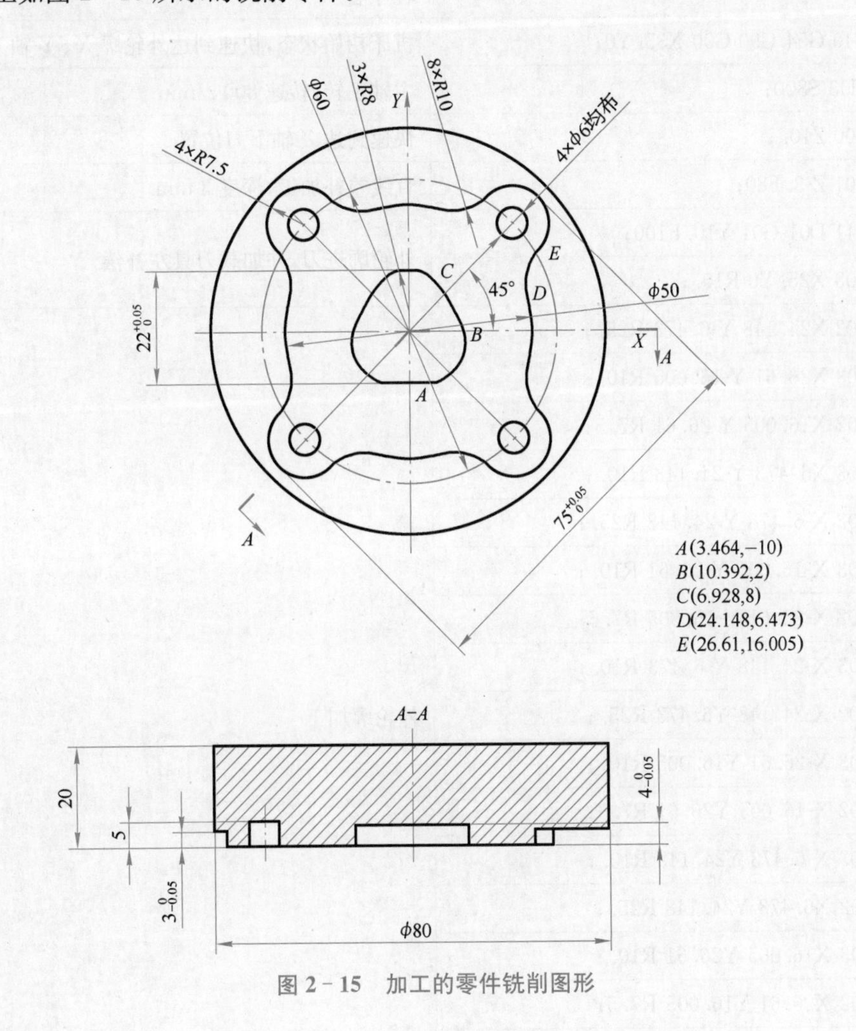

图 2-15　加工的零件铣削图形

2. 加工准备

选取直径为 ϕ10 mm 的平底刀加工内、外轮廓,ϕ6 mm 进行四个直径为 6 mm 的孔加工。选择高为 20 mm,直径为 80 mm 的圆柱形毛坯。采用 G54 定位坐标系,工件坐标系原点设在毛坯上表面中心处。外轮廓根据判断，用左侧刀具半径补偿。内轮廓加工时，也采用左侧刀具半径补偿，内、外轮廓加工完毕取消刀具半径补偿。

3. 数控程序

零件加工铣床程序见表 2-19。如用加工中心加工时，需设定 ϕ10 平底刀为 T01 刀具，ϕ6 平底刀为 T02 刀具，程序中在机床初始状态设定行前加入主轴回换刀点行和刀具调用行，并采用长度补偿编程。

表 2-19　零件加工铣床程序

程序	注释
O4001；	程序名
G40 G54 G90 G00 X35. Y0；	机床初始状态，快速到达外轮廓 X、Y 轴下刀位置
M03 S800；	主轴正转，转速 800 r/min
G00 Z10.；	快速到达 Z 轴下刀位置
G01 Z-3. F80；	直线差补加工，深度 3 mm
G41 D01 G01 Y10. F100；	外轮廓进刀，并加载刀具左补偿
G03 X25. Y0 R10.；	
G02 X24.148 Y-6.473 R25.；	外轮廓加工
G03 X26.61 Y-16.005 R10.；	
G02 X16.005 Y-26.61 R7.5；	
G03 X6.473 Y-24.148 R10.；	
G02 X-6.473 Y-24.148 R25.；	
G03 X-16.005 Y-26.61 R10.；	
G02 X-26.61 Y-16.005 R7.5；	
G03 X-24.148 Y-6.473 R10.；	
G02 X-24.148 Y6.473 R25.；	
G03 X-26.61 Y16.005 R10.；	
G02 X-16.005 Y26.61 R7.5；	
G03 X-6.473 Y24.148 R10.；	
G02 X6.473 Y24.148 R25.；	
G03 X16.005 Y26.61 R10.；	
G02 X26.61 Y16.005 R7.5；	
G03 X24.148 Y6.473 R10.；	
G02 X25. Y0 R25.；	

（续表）

程序	注释
G03 X35. Y-10. R10. ;	外轮廓退刀，取消刀具左补偿
G40 G01 Y0;	
G00 Z100. ;	将刀具提到安全高度
M05;	主轴停止
M00;	程序暂停
G40 G54 G90 G00 X0 Y0;	机床初始状态，快速到达内轮廓下刀位置
M03 S800;	
G00 Z10. ;	
G01 Z-4. F80;	
G41 D01 G01 X-5. Y-5. F100;	内轮廓进刀，并加载刀具左补偿
G03 X0 Y-10. R5. ;	
G01 X3. 464 Y-10. ;	内轮廓加工
G03 X10. 392 Y2. R8. ;	
G01 X6. 928 Y8. ;	
G03 X-6. 928 Y8. R8. ;	
G01 X-10. 392 Y2. ;	
G03 X-3. 464 Y-10. R8. ;	
G01 X0;	
G3 X5. Y-5. R5. ;	内轮廓退刀，取消刀具左补偿
G40 G1 X0 Y0;	
G00 Z100. ;	
M05;	
M00;	
G40 G55 G90 G00 Z100. ;	选择 ϕ6 mm 铣刀，调用 G55 坐标
M03 S800;	主轴正转，转速 800 r/min
G00 Z10. ;	快速到达 Z 轴下刀位置
G81 X21. 213 Y-21. 213 Z-5. R5. F80;	钻孔固定循环，钻孔 1
X-21. 213 Y-21. 213;	钻孔固定循环，钻孔 2
X-21. 213 Y21. 213;	钻孔固定循环，钻孔 3
X21. 213 Y21. 213;	钻孔固定循环，钻孔 4
G80;	钻孔固定循环取消

（续表）

程序	注释
G00 Z100.；	刀具提高到安全高度
M05；	主轴停止
M30；	程序结束

九、仿真加工步骤

1. 选择机床

点击“机床/选择机床…”对话框，在“控制系统”中选择 FANUC-0i 系统，机床类型选择立式铣床；如使用加工中心机床，选择 XKA714/B 立式加工中心，单击“确定”按钮。

在任务栏上单击选项按钮，出现选项对话框，将显示机床罩子前的钩去掉。

2. 机床回零

在回原点模式下，先将 X 轴回原点，点击操作面板上的 X 方向 X，使 X 轴方向移动指示灯 X 变亮，单击 + 按钮，此时 X 轴将回原点，同时 X 轴回原点灯 X原点灯 变亮，CRT 上的 X 坐标变为“0.000”。同样，再分别单击 Y 轴、Z 轴方向按钮 Y、Z，使相应指示灯变亮，单击 + 按钮，此时 Y 轴、Z 轴将回原点，同时 Y 轴、Z 轴回原点指示灯 Y原点灯、Z原点灯 变亮，此时机床完成回零。

3. 安装零件

（1）如使用的尺寸为 ϕ80×20 mm 毛坯，点击“零件/定义毛坯…”菜单，在“定义毛坯”中将零件尺寸改为高 20 mm、直径为 80 mm，名字为默认“毛坯 1”，并单击“确定”按钮。

（2）点击“零件/安装夹具…”菜单，在“选择夹具”对话框中“选择零件”栏中选取“毛坯 1”，“选择夹具”的栏中选取“卡盘”，用向上键调整毛坯位置，单击“确定”按钮。

（3）点击“零件/放置零件…”菜单，在“选择零件”对话框中，选取类型为“选择毛坯”，选取名称为“毛坯 1”的零件，并单击“安装零件”按钮，界面上出现控制零件移动的面板，可以用其移动零件；当单击面板上的退出按钮时，关闭该面板，此时零件已经放置在机床工作台面上。

4. 导入 NC 程序

（1）单击操作面板上的编辑按钮，进入编辑状态。

（2）点击 MDI 键盘上的程序键 PROG，CRT 界面转入编辑页面。

（3）点击软键[(操作)]，在出现的子菜单中点击软键 ▶，显示软键[F检索]，点击此软键，在弹出的对话框中选择所需的 NC 程序。

(4) 单击“打开”按钮。在同一级菜单中，单击软键[READ]，通过 MDI 键盘上的数字/字母键，输入程序名“O5002”，单击软键[EXEC]，则数控程序显示在 CRT 界面上。软键在 CRT 界面下方，与 CRT 界面上的提示相对应，导入导出 NC 程序如图 2－16 所示。

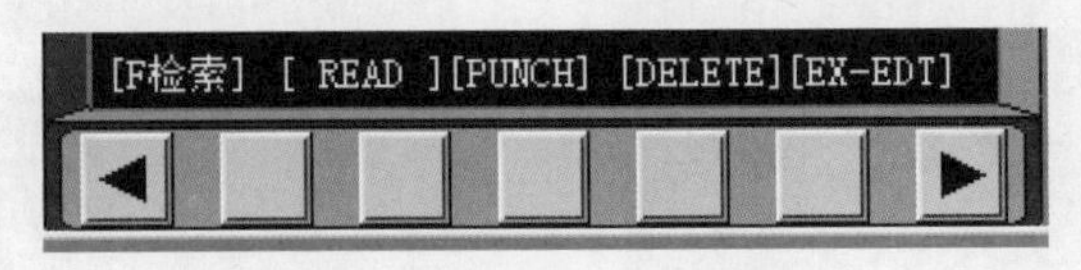

图 2－16　导入导出 NC 程序

5. 检查运行轨迹

(1) 单击操作面板上的自动运行按钮，进入自动加工模式。

(2) 单击 MDI 键盘上的程序键 PROG，将选定的数控程序显示在 CRT 界面上。

(3) 单击 OFFSET SETTING 键，进入检查运行轨迹模式，单击操作面板上的循环启动按钮，即可观察数控程序的运行轨迹，此时也可通过“视图”菜单中的动态旋转、动态缩放和动态平移等方式对三维运行轨迹进行全方位的动态观察，运行轨迹如图 2－17 所示。通常情况下，图中红线代表刀具快速移动的轨迹，绿线代表刀具切削的轨迹。

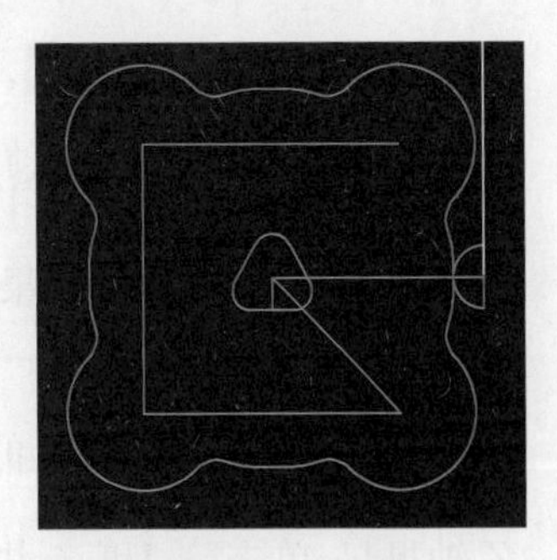

图 2－17　运行轨迹

6. 装刀具、对刀

1) X、Y 轴对刀

运行轨迹正确，表明输入的程序基本正确，此数控程序以零件上表面中心点为原点，下面将说明如何通过对基准来建立工件坐标系与机床坐标系的关系。

(1) 单击“机床/基准工具…”菜单，在“基准工具”对话框中选取左边的刚性圆柱基准工具，其直径为 14 mm，基准工具选择如图 2－18 所示。单击操作面板上的手动按钮，使其指示灯变亮，机床转入手动加工状态，利用操作面板上的方向按钮 X、

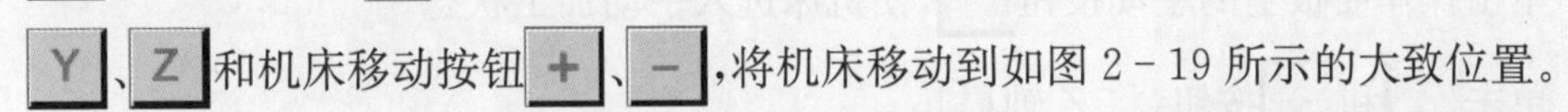

Y、Z 和机床移动按钮 +、－，将机床移动到如图 2－19 所示的大致位置。

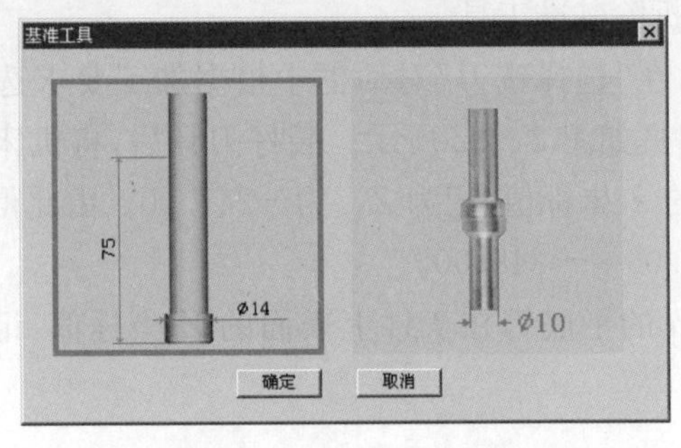

图 2－18　基准工具选择

图 2－19　对刀位置

(2) 单击菜单"塞尺检查/1 mm"，首先对 X 轴方向的基准，单击操作面板上的手动脉冲按钮，使手动脉冲指示灯变亮，采用手动脉冲方式精确移动机床。

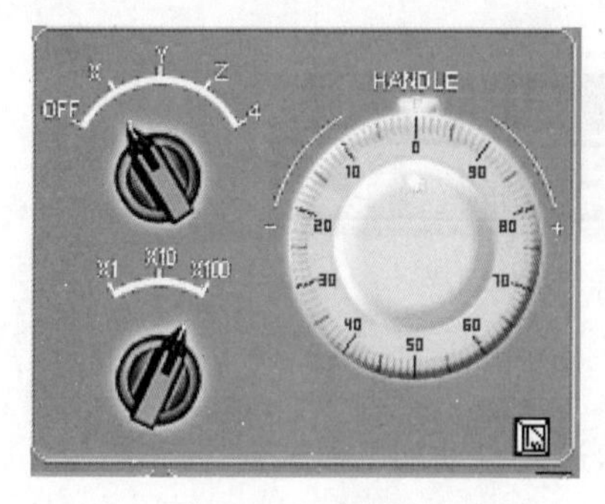

图 2-20　手轮面板

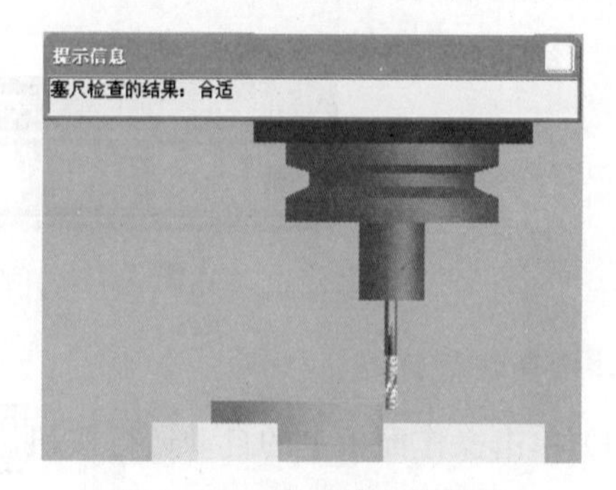

图 2-21　塞尺检查的结果

(3) 单击显示手轮，如图 2-20 所示，将手轮对应轴旋钮置于 X 挡，调节手轮进给速度旋钮，在手轮上点击鼠标左键或右键精确移动零件，直至提示信息对话框中显示"塞尺检查的结果：合适"，如图 2-21 所示。记下此时 CRT 中的 X 坐标，此为基准工具中心的 X 坐标 −372.00，记为 X_1。

(4) 单击操作面板上的手动按钮，使机床转入手动加工状态，单击 Z 和 + 按钮，将 Z 轴提起，单击 X 和 + 按钮，将基准工具移到工件的另一边，重复上面的步骤，记下此时 CRT 中的 X 坐标 −628.00 记为 X_2，故工件坐标系原点的 X 坐标为 $(X_1+X_2)/2=(-372.00+-628.00)=-500.00$。同样操作可得到工件坐标系的原点的 Y 坐标为 −415.00。

2) Z 轴对刀、装刀具

(1) X、Y 方向基准对好后，点击菜单"塞尺检查/收回塞尺"，收回塞尺。

(2) 单击操作面板上的手动按钮，使机床进入手动加工状态。

(3) 单击 Z 和 + 按钮，将 Z 轴提起。

(4) 点击菜单"机床/拆除工具"，拆除基准工具。

(5) 点击菜单"机床/选择刀具"，在"选择铣刀"对话框中根据加工要求选择直径为 10 mm 的平底刀，确定后退出，选择刀具如图 2-22 所示。装好刀具后，将机床移至大致位置进行塞尺检查，得到工件上表面的 Z 坐标值，记为 Z_1，为 −247.00。由此得到工件坐标系原点的 Z 坐标，$Z=-247.00-1.00=-248.00$。

(6) 采用同样的方法测得 $\phi 6$ mm 的平底刀在工件上表面的 Z 坐标值，记为 Z_2，为 −268.00。

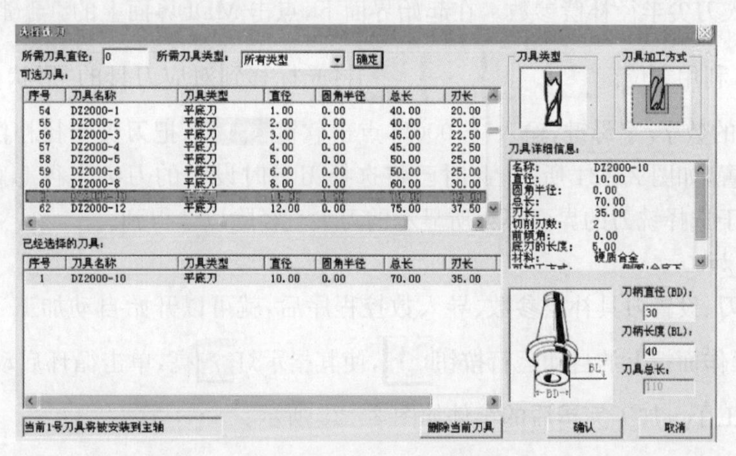

图 2-22　选择刀具

7. 确定工件坐标系

(1) 将 ϕ10 mm 的平底刀对刀所得到的(X, Y, Z)即(-500.00, -415.00, -248.00),设为 G54 工件坐标系原点在机床坐标系中的坐标值。

(2) 将 ϕ6 mm 的平底刀对刀所得到的(X, Y, Z)即(-500.00, -415.00, -268.00),设为 G55 工件坐标系原点在机床坐标系中的坐标值。

8. 设置刀具补偿参数

刀具补偿参数默认为 0。

(1) 通过 G54 确定工件坐标系原点。在 MDI 键盘上点击 OFFSET SETTING 键三次,进入坐标系参数设定界面,先设 X 的坐标值,利用 MDI 键盘输入"-500.00",点击软键[输入],则 G54 中 X 的坐标值变为-500.00;用方位键 ↓ 将光标移至 Y 的位置,同样输入"-415.00",点击软键[输入],再将光标移至 Z 的位置,同样输入"-248.00",点击软键[输入],即完成了 G54 参数的设定,此时 CRT 界面,G54 工件坐标系如图 2-23 所示。

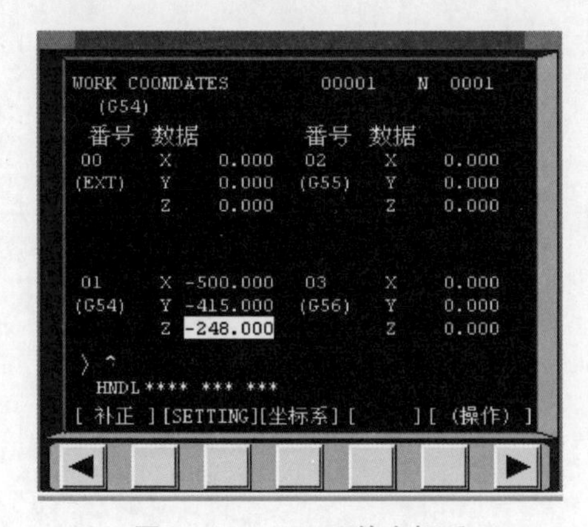

图 2-23　G54 工件坐标系

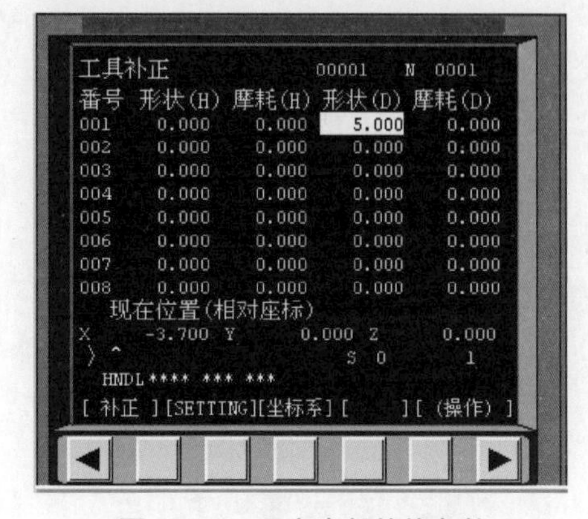

图 2-24　刀尖半径补偿参数

(2) 输入刀尖半径补偿参数。在起始界面下，点击 MDI 界面上的OFFSET SETTING键，进入补正参数设定界面，利用方位键↑、↓、←、→将光标移到对应刀具的“形状(D)”栏，通过 MDI 键盘上的数字/字母键，输入“5.000”，点击软键[输入]，把刀尖半径补偿参数输入到所指定的位置，如图 2-24 所示，此时已将选择刀具时设定的刀尖半径 5.00 mm 输入。刀尖半径等于选择铣刀的界面下方所显示的刀尖直径除以 2 得到。

9. 自动加工

完成对刀、设置刀具补偿参数、导入数控程序后，就可以开始自动加工了。先将机床回零，单击操作面板上的自动运行按钮，使其指示灯亮，单击循环启动按钮，就可以自动加工了。加工完毕后的零件如图 2-25 所示。

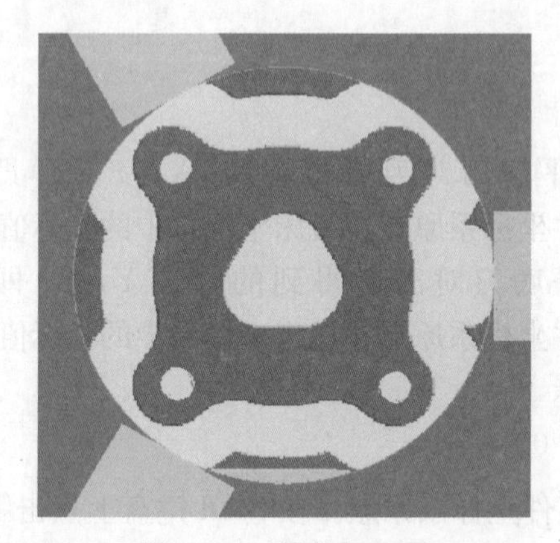

图 2-25 零件加工图

项目三　孔系零件加工

项目描述

加工一个孔系零件，学习孔加工的工艺与指令，培养学生独立编程的能力。

学习目标

此项目学习结束后，学生能对不同孔系零件合理安排工艺，选择加工参数，明确孔加工的内容与每一动作不同的原因，正确选用孔加工指令，运用仿真软件进行加工。

任务一　分析孔系零件加工工艺

任务目标

1. 会根据工件图纸进行合理的工艺安排，并且确保加工精度。
2. 能根据图纸找出最佳、最短的加工线路。

任务实施

为完成钻孔、攻丝、镗孔和深孔钻削这些加工的复合动作，采用固定循环指令编程，可以用一个程序段完成一个孔加工的全部动作，如果孔加工的动作无须变化，加工中心程序中所有模态的数据可以不写，大大简化了编程，提高了编程效率，并且节省了存储空间。

一、保证加工精度

本项任务的内容是，精镗 4×ϕ30H7 孔（图 3-1）。由于孔的位置精度要求较高，因此安排镗孔路线问题就显得比较重要，安排不当，有可能造成机床进给机构的反向间隙，直接影响孔的位置精度。图 3-2 是图 3-1 所示镗孔加工路线示意图。

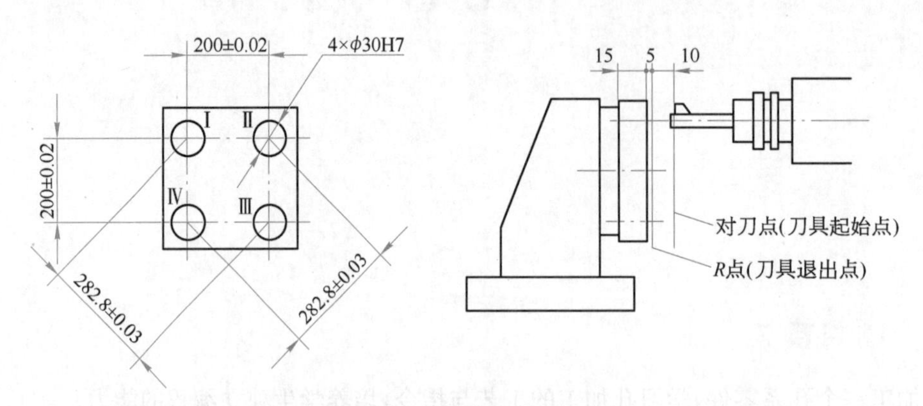

图 3-1　镗孔加工示意图

从图 3-2 不难看出，方案(a)由于Ⅳ孔与Ⅰ、Ⅱ、Ⅲ孔的定位方向相反，无疑机床 X 向进给机构的反向间隙会使定位误差增加，而影响Ⅳ孔与Ⅲ孔的位置精度。方案(b)是当加工完Ⅲ孔后没有直接在Ⅳ孔处定位，而是多运动了一段距离，然后折回来在Ⅳ孔处进行定位。这样Ⅰ、Ⅱ、Ⅲ和Ⅳ孔的定位方向是一致的，Ⅳ孔就可以避免反向间隙误差的引入。从而提高了Ⅲ孔与Ⅳ孔的孔距精度。

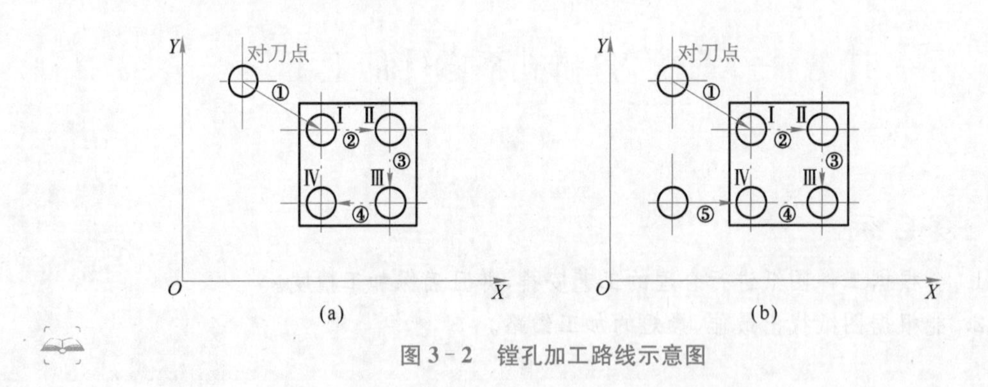

图 3-2　镗孔加工路线示意图

二、选用最短进给路线

一般情况下，在保证加工精度的前提下应减少刀具空行程时间，提高加工效率。图 3-3 是正确选择钻孔加工最短进给路线的例子。按照一般习惯，总是先加工均布于同一圆周上的 8 个孔，再加工另一圆周上的孔，如图 3-3a 所示。但是对点位控制的数控机床而言，要求定位过程尽可能快、空程最短的进给路线如图 3-3b 所示。

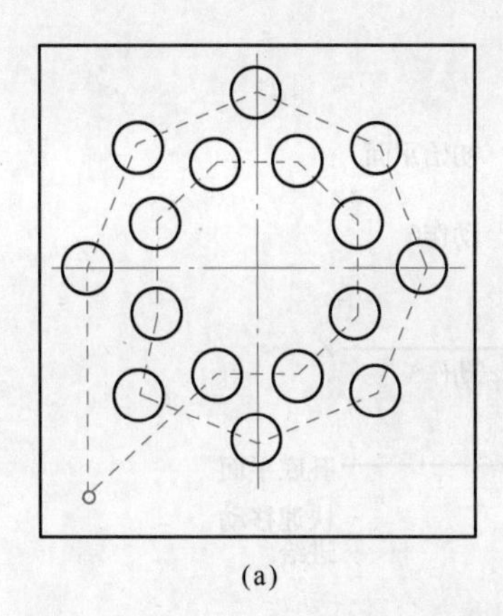
(a)

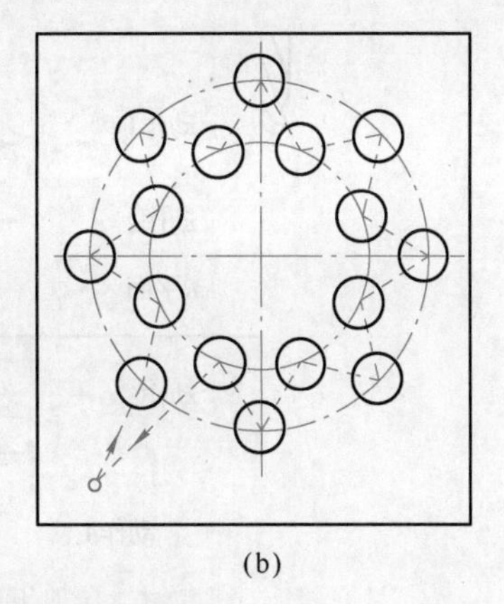
(b)

图 3-3　最短进给路线选择

任务二　掌握常用指令

任务目标

1. 合理选用孔加工指令，编写带有孔的简单轮廓的程序。
2. 准确说出每条指令的功能及使用时的注意事项。

任务实施

一、孔加工的基本动作及平面

孔加工指令能独立完成镗孔、钻孔、铰孔和攻螺纹等孔加工。

1. 孔加工中的六个基本动作

孔加工指令在 FANUC 数控系统中又称为固定循环指令，在加工中包含六个动作，如图 3-4 所示。

(1) 动作 1：X、Y 轴定位。

(2) 动作 2：快速运动到参考点(R 平面)。

(3) 动作 3：孔加工。

(4) 动作 4：孔底部的动作。

(5) 动作 5：退回到参考点(R 平面)。

(6) 动作 6：快速返回到初始点。

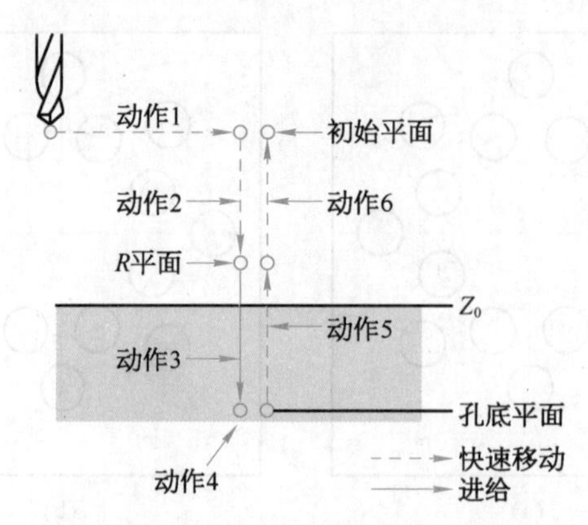

图 3-4　孔加工中的六个基本动作

执行孔加工循环，其中心点的定位一般都在 XY 平面上进行，Z 轴方向进行孔加工。固定循环动作的选择由 G 代码指定，对于不同的固定循环，以上动作有所不同。常用的 G73、G74、G76、G80～G89 孔加工固定循环的动作见表 3-1，G80 用于撤销循环。

表 3-1　孔加工固定循环动作一览

G 代码	加工动作（－Z 向）	孔底部动作	退刀动作（＋Z 向）	用途
G73	间歇进给	/	快速进给	高速深孔加工循环
G74	切削进给	暂停、主轴正转	切削进给	攻左螺纹循环
G76	切削进给	主轴准停	快速进给	精镗循环
G80	/	/	/	撤销循环
G81	切削进给	/	快速进给	钻孔
G82	切削进给	暂停	快速进给	钻、镗阶梯孔
G83	间歇进给	/	快速进给	深孔加工循环
G84	切削进给	暂停、主轴反转	切削进给	正转攻丝循环
G85	切削进给	/	切削进给	镗孔 1
G86	切削进给	主轴停	快速进给	镗孔 2
G87	切削进给	主轴正转	快速进给	反镗孔
G88	切削进给	暂停、主轴停	手动	镗孔 3
G89	切削进给	暂停	切削进给	镗孔 4

注：“/”表示无动作。

2. 孔加工中的四个平面

(1) 初始平面。初始平面是为安全操作而设定的定位刀具的平面。初始平面到零件表面的距离可以任意设定。若使用同一把刀具加工若干个孔，当孔间存在障碍需要跳跃或全部孔加工完成后，用 G98 指令使刀具返回到初始平面；否则，在中间加工过程中可用

G99 指令使刀具返回到 R 点平面，这样可缩短加工辅助时间。

(2) R 点平面。R 点平面又叫 R 参考平面。这个平面表示刀具从快进转为工进的转折位置，R 点平面距工件表面的距离主要考虑工件表面形状的变化，一般可取 2～5 mm。

(3) 孔底平面。Z 表示孔底平面的位置，加工通孔时刀具伸出工件孔底平面一段距离，保证通孔全部加工到位，钻削盲孔时应考虑钻头的钻尖对孔深的影响。

(4) 工件平面。一般指工件上表面 Z_0 处。

二、固定循环指令的格式

1. 编程格式

$\left.\begin{matrix}\text{G98}\\\text{G99}\end{matrix}\right\}$ G73(G74/G76/G81～G89) X_ Y_ Z_ R_ Q_ P_ I_ J_ F_ L_。

2. 指令说明

(1) 格式中第一个 G 代码(G98 或 G99)指定返回点平面，G98 为返回初始平面，G99 为返回 R 点平面。指定返回点平面选择如图 3-5 所示。

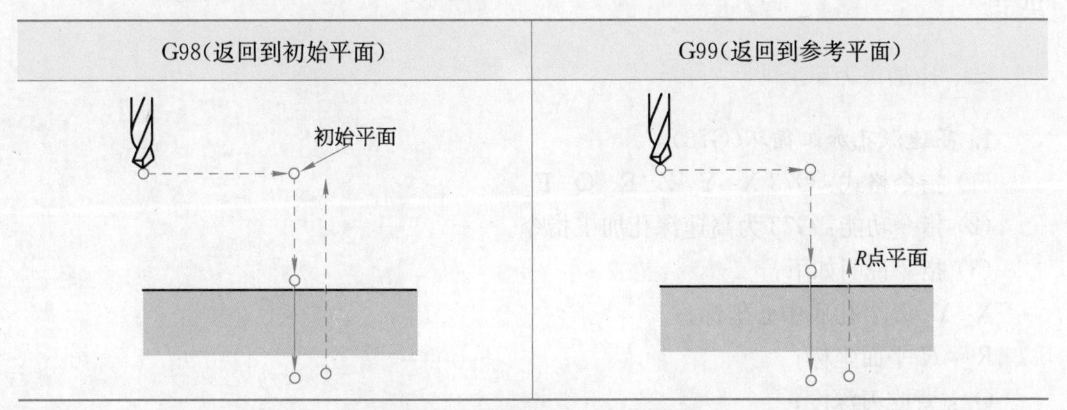

图 3-5　指定返回点平面选择

(2) 第二个 G 代码为孔加工方式，即固定循环代码 G73、G74、G76 和 G81～G89 中的任一个指令。

(3) 固定循环的数据表达形式可以用绝对坐标(G90)和相对坐标(G91)表示，绝对和增量值编程如图 3-6 所示。数据形式(G90 或 G91)在程序开始时就已指定，因此，在固定循环程序格式中可不写出。

(4) X_Y_：孔的位置坐标；Z：R 点到孔底的距离(G91 时)或孔底坐标(G90 时)。

(5) R_：初始点到 R 点的距离(G91 时)或 R 点的坐标值(G90 时)。

(6) Q_：指定每次进给深度(G73 或 G83 时)或指定刀具位移增量(G76 或 G87 时)。

(7) P_：指定刀具在孔底的暂停时间。

(8) I_J_：指定刀尖向反方向的移动量。

(9) F_：为切削进给速度。

(10) L_：指定固定循环的次数。

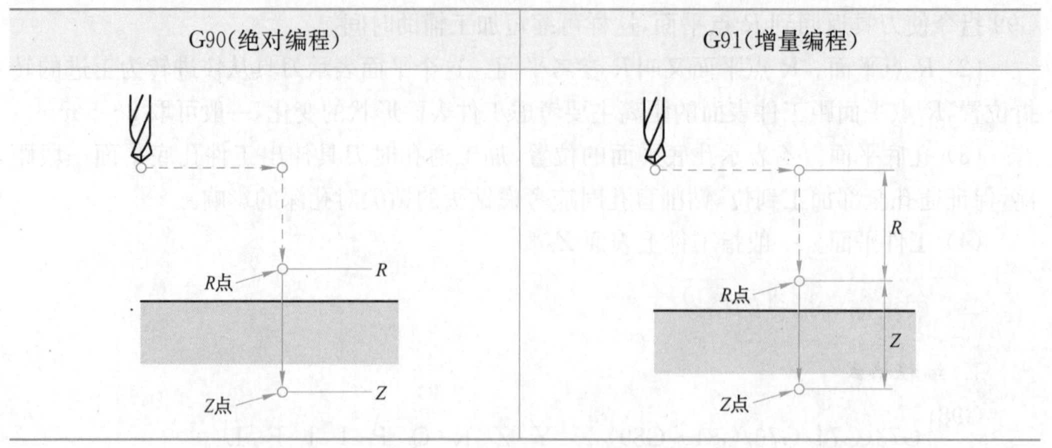

图 3-6 绝对和增量值编程

G73、G74、G76 和 G81～G89、Z、R、P、F、Q、I、J 都是模态指令。G80、G01～G03 等代码可以取消固定循环。在固定循环中,定位速度由前面的 G01/G00 指令速度决定。

三、孔加工方式说明

1. 高速深孔加工循环(G73)

(1) 指令格式:G73 X_ Y_ Z_ R_ Q_ F_。

(2) 指令功能:G73 为高速深孔加工指令。

(3) 指令说明如下:

X_ Y_ Z_:孔底中心坐标;

R_:*R* 平面坐标;

Q_:背吃刀深度;

F_:切削速度。

深孔钻也称断续切削钻,它使用固定循环 G73 高速深孔加工循环。钻孔时 G73 中钻头退刀距离很小(0.4～0.8 mm 之间),G73 高速深孔加工循环动作如图 3-7 所示。

对于太深而不能使用一次进给运动加工的孔,通常使用深孔钻,以下是深孔钻方法在孔加工中一些可能的应用:

① 深孔钻削;

② 断屑也可以用于较硬材料的浅孔加工;

③ 清除堆积在钻头螺旋槽内的切屑;

④ 钻头切削刃的冷却和润滑;

⑤ 控制钻头穿透材料。

2. 取消固定循环(G80)

G80 指令用于撤销固定循环 G73、G74、G76 以及 G81～G89 的模态状态,一般单独一行书写。

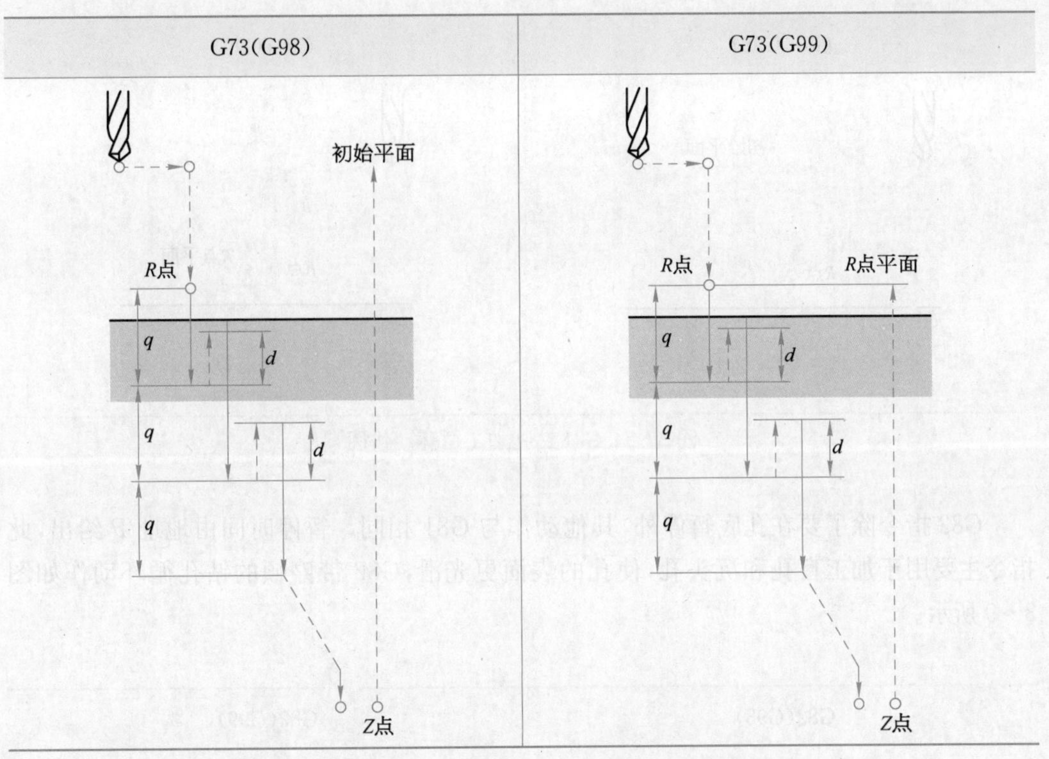

图 3-7　G73 高速深孔加工循环动作图

3. 钻削循环(G81)

(1) 指令格式：G81 X_ Y_ Z_ R_ F_。

(2) 指令功能：G81 为钻削循环指令(通常用于钻孔)。

(3) 指令说明如下：

X_ Y_ Z_：孔底中心坐标；

R_：*R* 平面坐标；

F_：切削速度。

钻孔循环指令 G81 为主轴正转，刀具以进给速度向下运动钻孔，到达孔底位置后，快速退回(无孔底动作)。这是一种常用的钻孔加工方式。G81 钻孔加工循环动作如图 3-8 所示。

4. 带停顿的钻孔循环(G82)

(1) 指令格式：G82 X_ Y_ Z_ R_ F_ P_。

(2) 指令功能：G82 带停顿的钻孔循环指令。

(3) 指令说明如下：

X_ Y_ Z_：孔底中心坐标；

R_：*R* 平面坐标；

F_：切削速度；

P_：暂停时间。

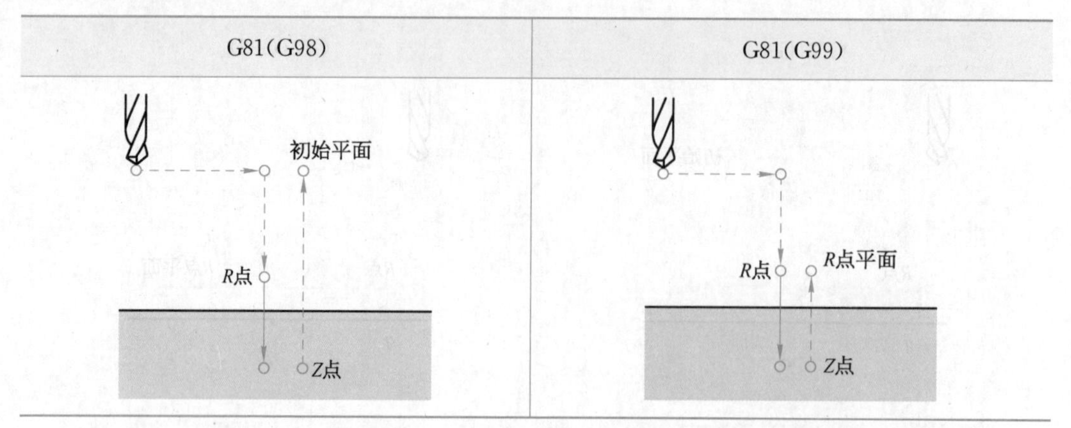

图 3-8　G81 钻孔加工循环动作图

G82 指令除了要在孔底暂停外，其他动作与 G81 相同。暂停时间由地址 P 给出，此指令主要用于加工盲孔和沉头孔，使孔的表面更光滑，G82 带停顿的钻孔循环动作如图 3-9 所示。

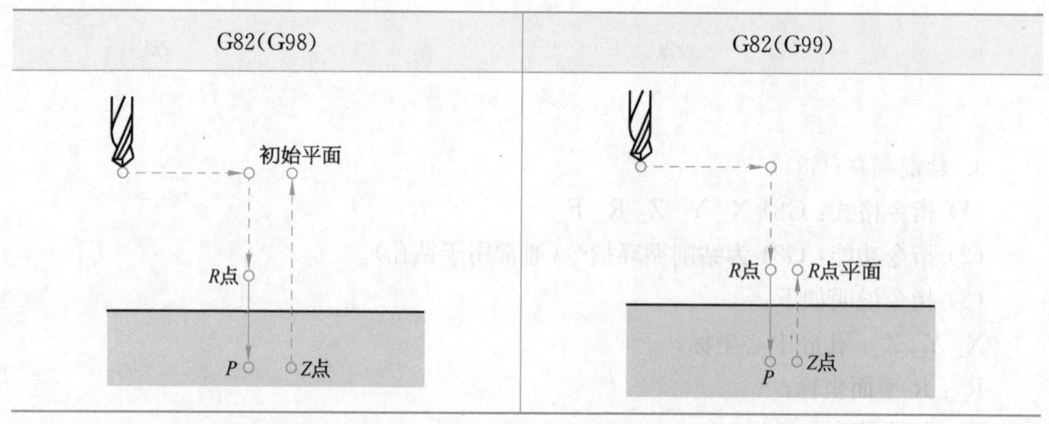

图 3-9　G82 带停顿的钻孔循环动作图

5. 深孔加工循环(G83)

(1) 指令格式：G83 X_ Y_ Z_ R_ Q_ F_。

(2) 指令功能：G83 为深孔加工循环指令。

(3) 指令说明如下：

X_ Y_ Z_：孔底中心坐标；

R_：*R* 平面坐标；

Q_：背吃刀深度；

F_：切削速度。

G83 中钻头每次进给后退刀至 *R* 平面(通常在孔上方)，G83 深孔加工循环动作如图 3-10 所示。

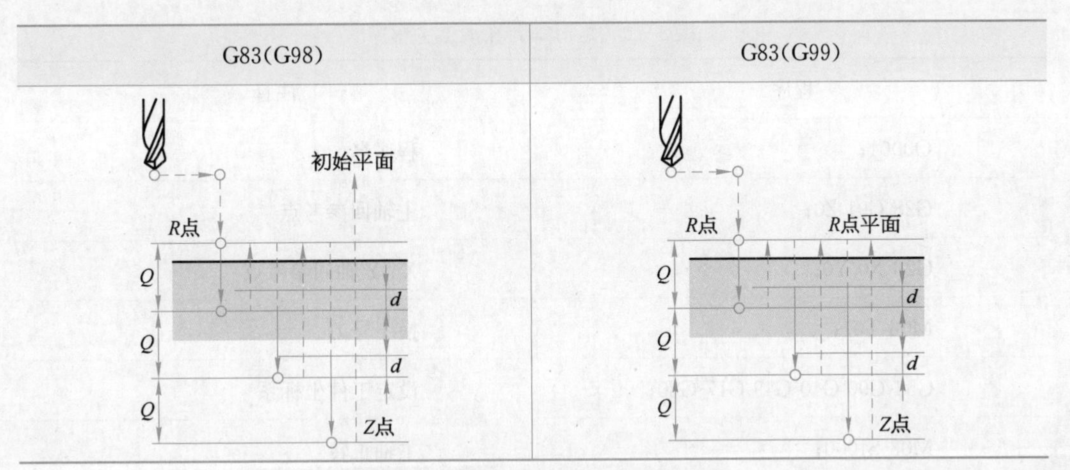

图 3-10　G83 深孔加工循环动作图

任务三　编制程序及仿真加工

任务目标

1. 运用孔加工指令编写程序。
2. 在宇龙仿真软件上仿真加工孔系零件，并进行调试。

任务实施

一、矩形排列孔加工

如图 3-11 所示，零件坯料厚度为 12 mm，利用固定循环与子程序，编写孔加工程序。采用直径 10 mm 的麻花钻，钻深 15 mm，工件坐标系定在工件左下角、零件上表面，矩形排列孔加工程序见表 3-2、表 3-3。矩形排列孔仿真加工效果如图 3-12 所示。

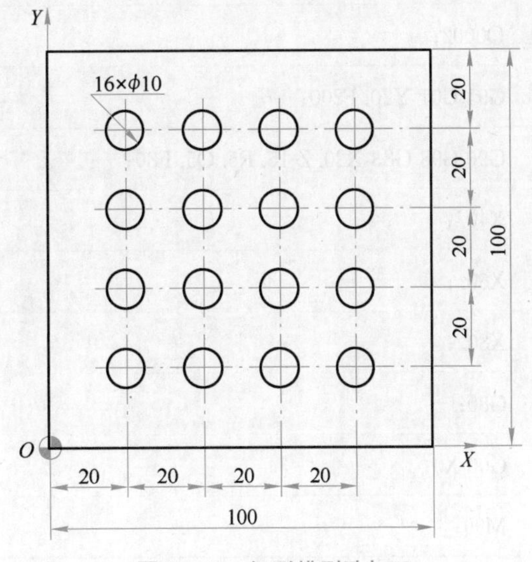

图 3-11　矩形排列孔加工

表 3-2　矩形排列孔加工主程序

程序	注释
O0001；	程序名
G28 G91 Z0；	主轴回参考点
G28 X0 Y0；	X、Y 轴回参考点
M06 T01；	换 1 号刀
G54 G90 G40 G49 G17 G80；	设定工件坐标系
M03 S1000；	主轴正转
G00 X0 Y0；	定位
G43 Z10. H01；	建立刀具长度补偿
M98 P40002；	4 次调用子程序加工孔
G00 Z50.；	退刀
G49；	取消刀具长度补偿
M05；	主轴停
M30；	程序结束

表 3-3　矩形排列孔加工子程序

程序	注释
O0002；	子程序名
G91 G01 Y20. F200；	Y 方向增量方式运行 20 mm
G90 G98 G83 X20. Z-15. R5. Q5. F80；	钻行列中第一个孔，为保证孔钻透，钻深为 15 mm
X40.；	钻行列中第二个孔
X60.；	钻行列中第三个孔
X80.；	钻行列中第四个孔
G80；	取消固定循环
G00 X0；	退刀
M99；	子程序结束返回主程序

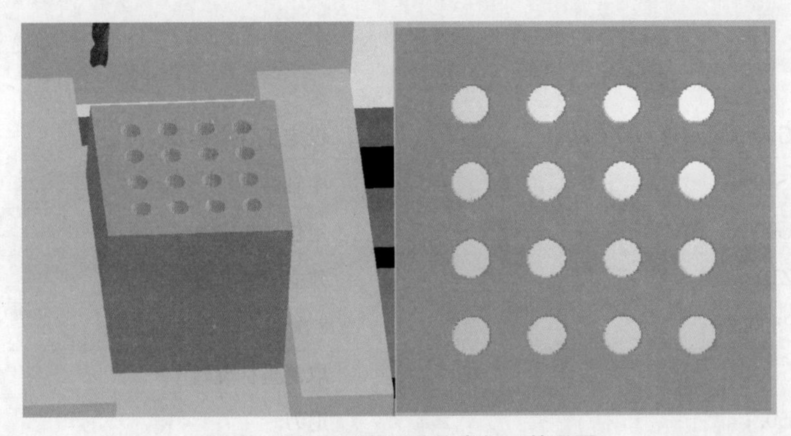

图 3-12　矩形排列孔仿真加工效果图

二、环形排列孔加工

如图 3-13 所示，零件坯料厚度为 12 mm，利用固定循环与子程序，编写孔加工程序。采用直径 10 mm 麻花钻，钻深 15 mm，工件坐标系定在工件中心、零件上表面，环形排列孔加工程序见表 3-4、表 3-5。环形排列孔仿真加工效果如图 3-14 所示。

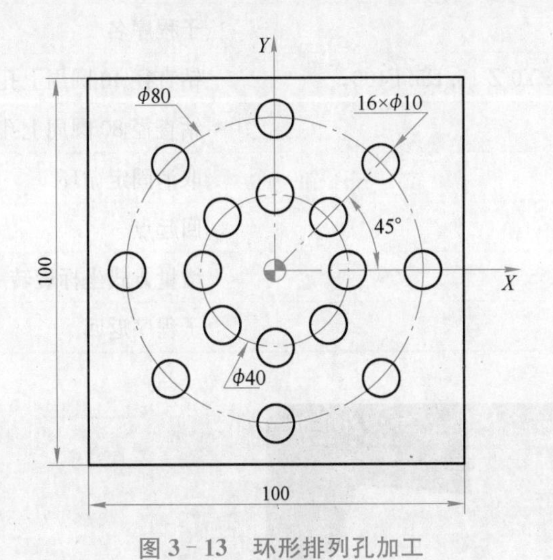

图 3-13　环形排列孔加工

表 3-4　环形排列孔加工主程序

程序	注释
O0001;	程序名
G28 G91 Z0;	Z 轴回参考点
G28 X0 Y0;	X、Y 轴回参考点
M06 T01;	换 1 号刀

（续表）

程序	注释
G54 G90 G40 G49 G17 G80；	设定工件坐标系
M03 S1000；	主轴转
G90 G00 X0 Y0；	定位
G43 Z10.；	建立刀具长度补偿
M98P80002；	8 次调用子程序加工孔
G69；	取消坐标旋转
G00Z50.；	退刀
G49；	取消刀具长度补偿
M05；	主轴停
M30；	程序结束

表 3-5　环形排列孔加工子程序

程序	注释
O0002；	子程序名
G90 G99 G81 X20. Y0 Z-15. R5. F100；	钻直径 40 圆周上孔
X40. Y0；	钻直径 80 圆周上孔
G80；	取消固定循环
G00 X0 Y0；	回起点
G91 G68 X0 Y0 R45.；	增量方式坐标旋转 45°
M99；	子程序返回

图 3-14　环形排列孔仿真加工效果图

项目四 简单曲面类零件加工

项目描述

加工一个简单曲面，学习曲面编程的入门知识，培养学生独立编程能力。

学习目标

此项目学习结束后，学生能通过子程序调用的方式加工一个简单曲面，并对简单曲面零件进行工艺分析，合理选择刀具，正确建立工件坐标系，并用仿真软件仿真加工曲面。

任务一 分析曲面类零件加工工艺

任务目标

1. 会根据工件图纸进行合理工艺路线的安排，并且确保加工精度。
2. 能根据图纸正确设置简单曲面零件加工所需要的刀具和切削用量。

任务实施

加工如图 4 - 1 所示的简单曲面。（平面加工略）

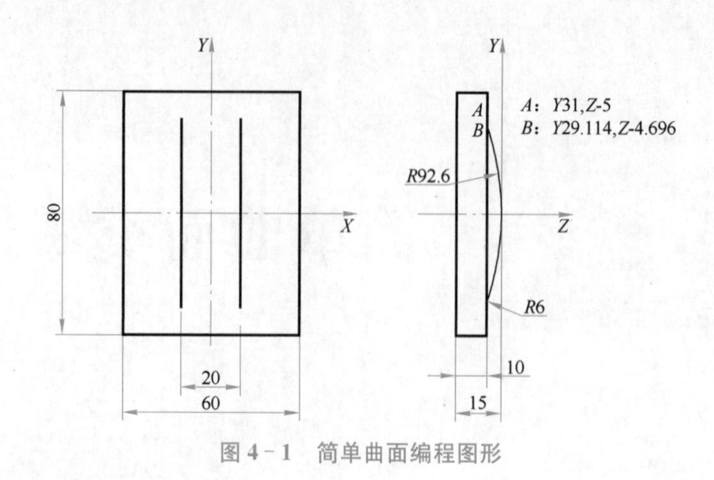

图 4－1　简单曲面编程图形

一、根据图纸要求，确定工艺路线

将工件上表面中心设定为工件原点，采用球刀，由于刀位点在球心，所以对刀前要将 Z 轴往下偏移一个球刀半径值，采用双向行切加工法，形成上下往复的曲面加工路线。

二、选择刀具

根据加工要求，选用 ϕ10 mm 球头刀。

三、确定切削用量

主轴转速 1 000 r/min，进给速度 100 mm/min。

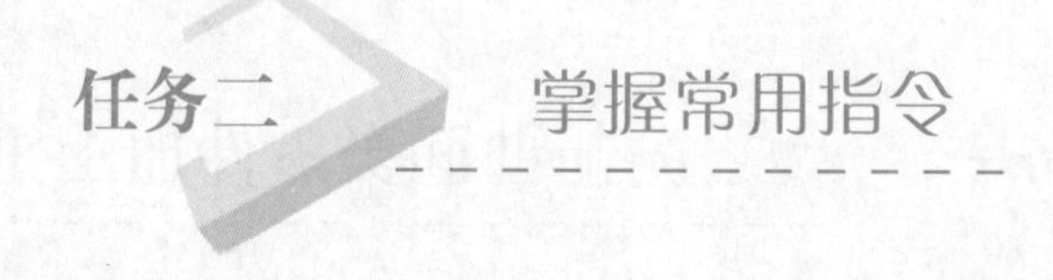

任务二　掌握常用指令

任务目标

1. 合理选用曲面加工指令，编写带有简单曲面的零件程序。
2. 准确说出每条指令的功能及使用时的注意事项。

任务实施

一、子程序指令

编程时，为了简化程序的编制，当一个工件上有相同的加工内容时，常用调子程序的方法进行编程。调用子程序的程序叫做主程序。子程序的编号与一般程序基本相同，只是程序结束字为 M99 表示子程序结束，并返回到调用子程序的主程序中。

1. 子程序调用指令(M98)

(1) 指令格式：M98 P××××××××；(×：代表数字)

(2) 指令功能：具有调用子程序功能。

(3) 指令说明：P 表示表示子程序调用情况。前四位为调用次数(省略时为调用一次)，后四位为所调用的子程序号。如 M98P0510；调用子程序 0510 只 1 次。如 M98P100510；调用子程序 0510 只 10 次。

2. 子程序返回指令(M99)

子程序的编写与主程序基本相同，只是程序结束时用 M99 指令，表示子程序结束并返回到调用子程序的主程序中。

3. 子程序的应用

在主程序中调用子程序的过程举例见表 4-1。

表 4-1 子程序调用举例

主程序	子程序
O0010；	O1010；
N0010 ……；	N0010 ……；
N0020 M98 P21010；	N0020 ……；
N0030 ……；	N0030 ……；
N0040 M98 P1010；	N0040 ……；
N0050 ……；	N0050 M99；
N0060 ……；	
N0070 M30；	

(1) 程序说明：主程序执行到 N0020 时转去执行 O1010 子程序，重复执行两次后继续执行 N0030 程序段。在执行 N0040 时又转去执行 O1010 子程序一次，返回时又继续执行 N0050 及其后面的程序。

(2) 实例：加工零件的子程序编程图形如图 4-2 所示，加工零件程序见表 4-2、表 4-3。

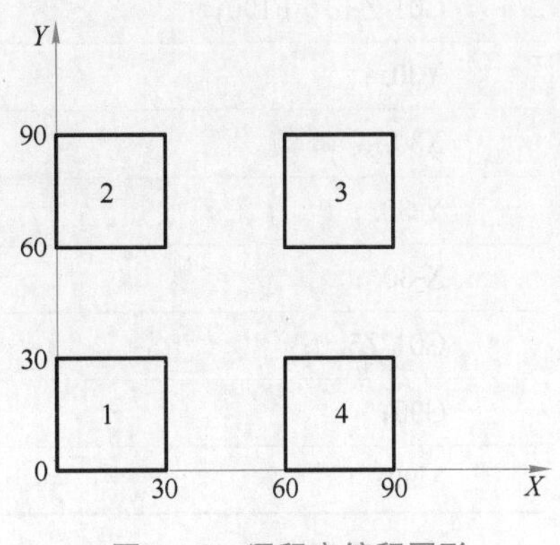

图 4-2 子程序编程图形

表 4-2　主程序

主程序	说明
O1000；	主程序名
G54 G90 G00 Z100.0；	建立工件坐标系
M03 S800；	主轴正转，转速 800 r/min
M08；	开冷却液
G00 Z3.；	快进到工件上方
G00 X0 Y0；	定位到 1 号正方形左下角
M98 P1010；	调用子程序
G00 X0 Y60.；	定位到 2 号正方形左下角
M98 P1010；	调用子程序
G00 X60. Y60.；	定位到 3 号正方形左下角
M98 P1010；	调用子程序
G00 X60. Y0；	定位到 4 号正方形左下角
M98 P1010；	调用子程序
G00 Z100.0；	退刀
M09；	关冷却液
M05；	主轴停止
M30；	程序结束

表 4-3　子程序

<table>
<tr><th>子程序</th><th>说明</th></tr>
<tr><td>O1010；</td><td>子程序名</td></tr>
<tr><td>G91；</td><td>增量编程方式</td></tr>
<tr><td>G01 Z-5.0 F100；</td><td>切削深度 2 mm</td></tr>
<tr><td>Y30.；</td><td rowspan="4">加工外轮廓轨迹</td></tr>
<tr><td>X30.；</td></tr>
<tr><td>Y-30.；</td></tr>
<tr><td>X-30.；</td></tr>
<tr><td>G01 Z5.0；</td><td>抬刀</td></tr>
<tr><td>G90；</td><td>绝对编程方式</td></tr>
<tr><td>M99；</td><td>子程序结束</td></tr>
</table>

二、快速定位指令 G00

1. 快速定位指令 G00 的格式

(1) 指令格式：G00 X_ Y_ Z_。

(2) 指令功能：快速定位。

(3) 指令说明：X_ Y_ Z_为快速定位的目标点坐标。

机床根据制造商设定速度运动，既可设定为各坐标轴单独运动，也可设定为各坐标轴联动。快速运动速度由制造商在机床参数中设定，在操作面板上通过"快速修调"按钮(或倍率旋钮)修正。

2. 快速定位指令 G00 的应用

如图 4-3 所示，刀具从当前 P_1 点快速移动到 P_2(100, 70, 50)点，其程序为 G00 X100. Y70. Z50.；其运动轨迹可能是折线，要注意避免刀具与工件的碰撞。

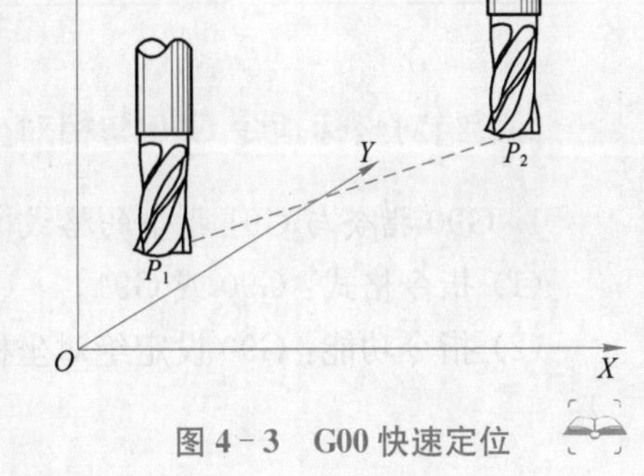

图 4-3　G00 快速定位

三、直线插补指令 G01

1. 直线插补指令 G01 的格式

(1) 指令格式：G01 X_ Y_ Z_F_。

(2) 指令功能：模态指令，具有直线插补功能。

(3) 指令说明：X_ Y_ Z_为直线插补的目标点坐标；F_为合成进给速度。

2. 直线插补指令 G01 的应用

如图 4-4 所示，进给速度设为 100 mm/min，主轴转数为 800 r/min，刀具恰在编程原点处。试沿着正方形轨迹编程，直线插补轮廓程序见表 4-4。

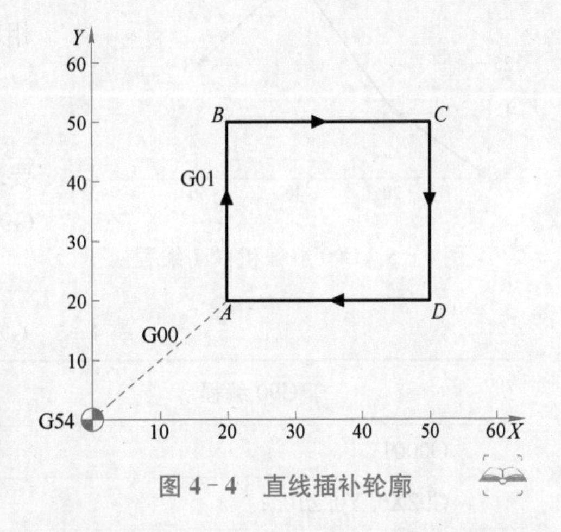

图 4-4　直线插补轮廓

表 4-4　直线插补轮廓程序

程序	注释
O0002；	程序名
G54 G00 X20. Y20.；	设定工件坐标系
M03 S800；	主轴正转，转速 800 r/min
G01 Y50. F100；	$A \rightarrow B$
X50.；	$B \rightarrow C$

（续表）

程序	注释
Y20.；	C→D
X20.；	D→A
G00 X0 Y0；	回原点
M05；	主轴停止
M30；	程序结束

四、绝对坐标指令 G90 与相对坐标指令 G91

1. G90 指令与 G91 指令的格式

（1）指令格式：G90 或 G91。

（2）指令功能：G90 设定绝对坐标编程，G91 设定相对坐标编程。

（3）指令说明：G90 为模态指令，表示绝对坐标编程，坐标值为相对于编程原点的距离；G91 为模态指令，表示相对坐标编程，坐标值为目标坐标相对于当前坐标的坐标增量。

2. G90 指令与 G91 指令的应用

如图 4－5 所示，试分别使用 G90、G91 编程，要求刀具由原点按顺序移动到 1、2、3 点，G90 与 G91 指令应用程序见表 4－5。

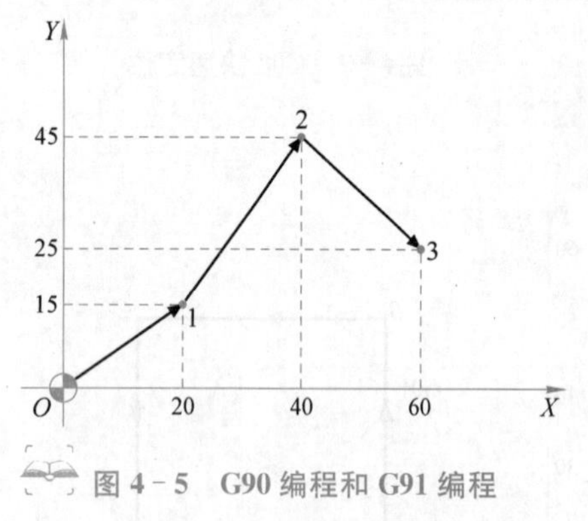

图 4－5 G90 编程和 G91 编程

表 4－5 G90 与 G91 指令应用

G90 编程	G91 编程
O0001；	O0001；
G92X0. Y0. Z10.；	G92X0. Y0. Z10.；
G90G01X20. Y15.；	G91G01X20. Y15.；
X40. Y45.；	X20. Y30.；
X60. Y25.；	X20. Y-20.；

选择合适的编程方式可使编程简化。当图纸尺寸由一个固定基准给定时，采用绝对方式编程较为方便；而当图纸尺寸是以轮廓顶点之间间距的形式给出时，采用相对方式编程较为方便。

五、加工平面设定指令(G17、G18、G19)

(1) 指令格式：G17、G18、G19。

(2) 指令功能：模态指令，选择刀具插补平面。

(3) 指令说明：G17、G18、G19 指令分别选择 *XY*、*ZX*、*YZ* 插补平面，加工平面选择如图 4－6 所示。

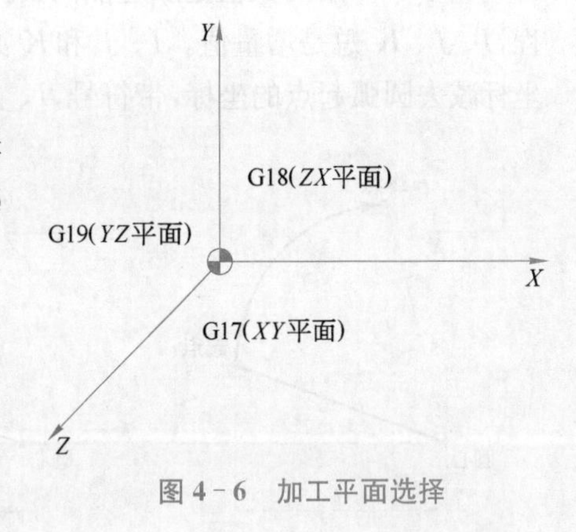

图 4－6　加工平面选择

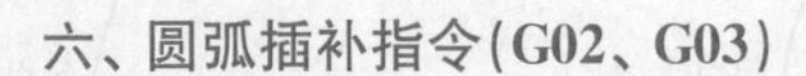

六、圆弧插补指令(G02、G03)

1. 圆弧插补指令 G02、G03 的格式

(1) 指令格式：

G17 G02(G03) X_ Y_ R_ (I_ J_) F_;

G18 G02(G03) X_ Z_ R_ (I_ K_) F_;

G19 G02(G03) Y_ Z_ R_ (J_ K_) F_;

(2) 指令功能：G02 为顺时针圆弧插补，G03 为逆时针圆弧插补。

(3) 指令说明：G17 表示 *XY* 平面插补圆弧；G18 表示 *ZX* 平面插补圆弧；G19 表示 *YZ* 平面插补圆弧。

X_Y_Z_：圆弧终点坐标值。

R_：圆弧半径，当圆弧圆心角小于 180°(为劣弧)时，*R* 为正值；当圆弧圆心角大于 180°(为优弧)时，*R* 为负值。

I_J_K_：圆心相对于圆弧起点坐标增量。

F_：进给速度，切削圆弧时，*F* 为插补坐标轴的合成进给速度。

2. 编写圆弧插补指令注意事项

1) 圆弧切削方向的判断

依右手坐标系法则，视不在圆弧平面内坐标轴(即平面法线方向)的正方向往负方向看，顺时针圆弧为 G02，逆时针圆弧为 G03。不同平面 G02 和 G03 的选择如图 4－7 所示。

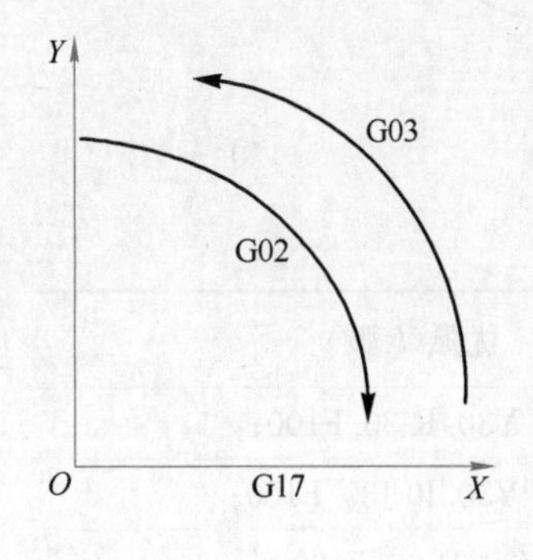

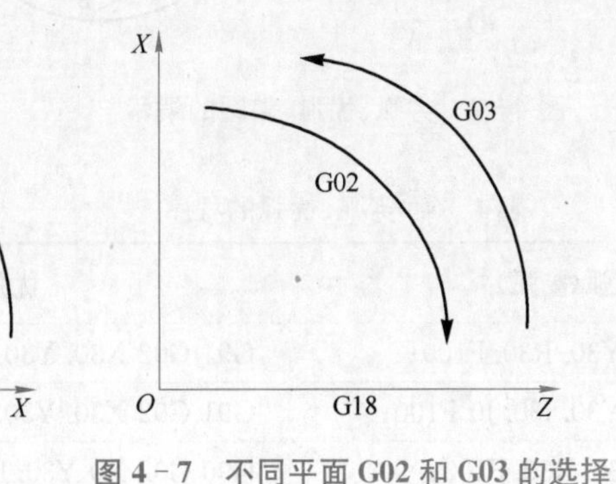

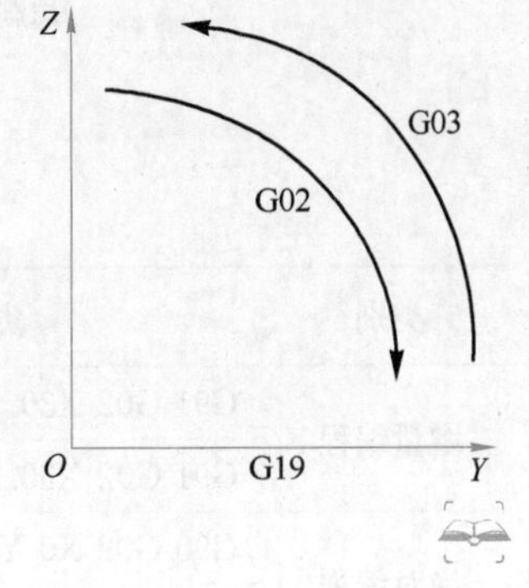

图 4－7　不同平面 G02 和 G03 的选择

2）I、J、K 规定

I、J、K 后的数值是从起点向圆弧中心看的矢量分量，不管是 G90 编程还是 G91 编程，I、J、K 总是增量值。I、J 和 K 必须根据方向指定其符号（正或负），也等于圆心的坐标减去圆弧起点的坐标，带符号，I、J、K 的选择如图 4－8 所示。

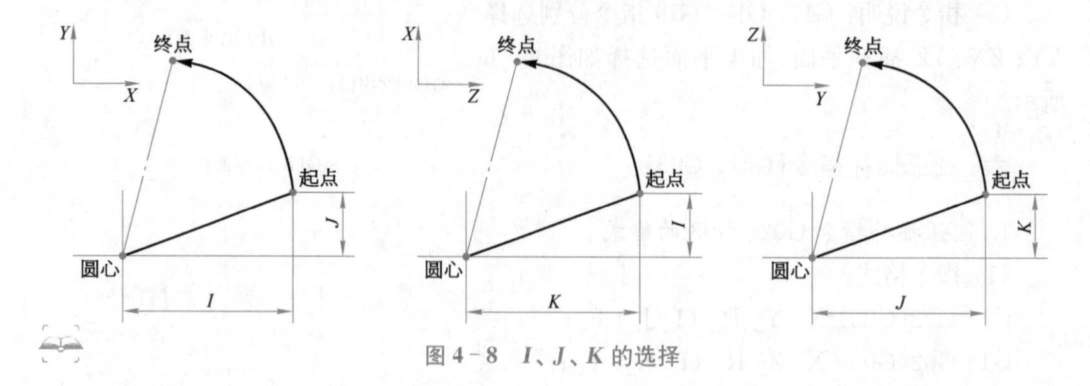

图 4－8　I、J、K 的选择

3）整圆铣削加工

整圆编程时，圆弧半径不可使用代码 R，只能使用代码 I、J、K。

4）圆弧插补指令增量坐标表示法

G91 指令编程，X、Y、Z 坐标为圆弧终点相对于圆弧起点的增量值。

3. 圆弧插补指令 G02/G03 的应用

使用 G02 对劣弧、优弧、整圆的编程如图 4－9 所示，劣弧 a 和优弧 b（程序见表 4－6）和整圆（程序见表 4－7）编程。

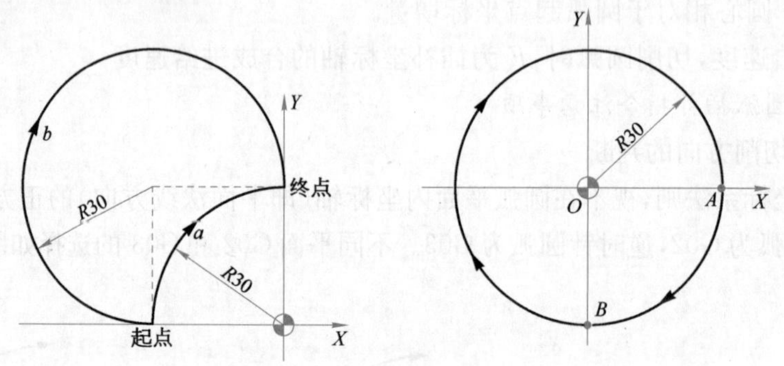

图 4－9　劣弧、优弧、整圆的编程

表 4－6　劣弧、优弧的程序

类别	劣弧（a 弧）	优弧（b 弧）
增量编程	G91 G02 X30. Y30. R30. F100；	G91 G02 X30. Y30. R-30. F100；
	G91 G02 X30. Y30. I30. J0 F100；	G91 G02 X30. Y30. I0 J30. F100；
绝对编程	G90 G02 X0 Y30. R30. F100；	G90 G02 X0 Y30. R-30. F100；
	G90 G02 X0 Y30. I30. J0 F100；	G90 G02 X0 Y30. I0 J30. F100；

表 4-7　整圆的程序

类别	从 A 点顺时针一周	从 B 点逆时针一周
增量编程	G91 G02 X0 Y0 I-30. J0 F100；	G91 G03 X0 Y0 I0 J30. F100；
绝对编程	G90 G02 X30. Y0 I-30. J0 F100；	G90 G03 X0 Y-30. I0 J30. F100；

任务三　编制程序及仿真加工

任务目标

1. 运用常用指令，编写曲面类零件加工程序。
2. 在宇龙仿真软件上仿真加工曲面类零件，并进行调试。

任务实施

一、简单曲面类零件加工

加工如图 4-1 所示的简单曲面。（平面加工略）

二、编制程序及仿真加工

（1）程序见表 4-8、表 4-9。

表 4-8　主程序

主程序	说明
O1172；	主程序名
G17 G90 G54；	建立工件坐标系
M03 S1000；	主轴正转，1 000 r/min
G00 X-10.5 Y50. Z10.；	刀具定位
M08；	冷却开
M98 P420001；	调用子程序 42 次，加工宽度为 0.5×42=21 mm
G17 M05 M09；	主轴停，关切削液
G00 Z50.；	抬刀
M30；	程序结束

表 4-9　子程序

子程序	说明
O0001；	子程序名
G19 G90；	选择 *YZ* 平面
D01 G42 G01 Y50. Z-5. F100；	加入右刀补
G01 Y31. F200；	加工曲面轮廓
G02 Y29. 114 Z-4. 696 R6. ；	
G03 Y-29. 114 Z-4. 696 R92. 6；	
G02 Y-31. Z-5. R6. ；	
G01 Y-50. Z-5. ；	
G40 G01 Y-50. Z10. ；	取消刀补
G00 G90 Y50. Z10. ；	返回起始点
G91 X0. 5；	刀具 *X* 轴偏移增量 0. 5 mm
M99；	子程序结束

(2) 仿真效果如图 4-10 所示，仿真轨迹如图 4-11 所示，具体仿真过程略。

图 4-10　仿真效果图

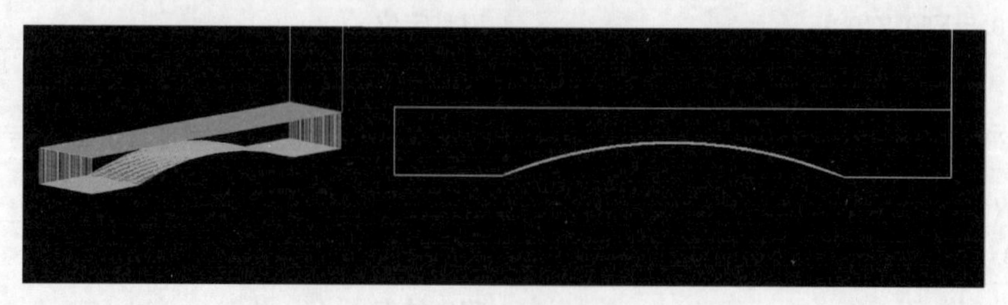

图 4-11　仿真轨迹图

附　录　数控铣工(四级)部分考题及要求

附录 A　图纸加工考题

考题一

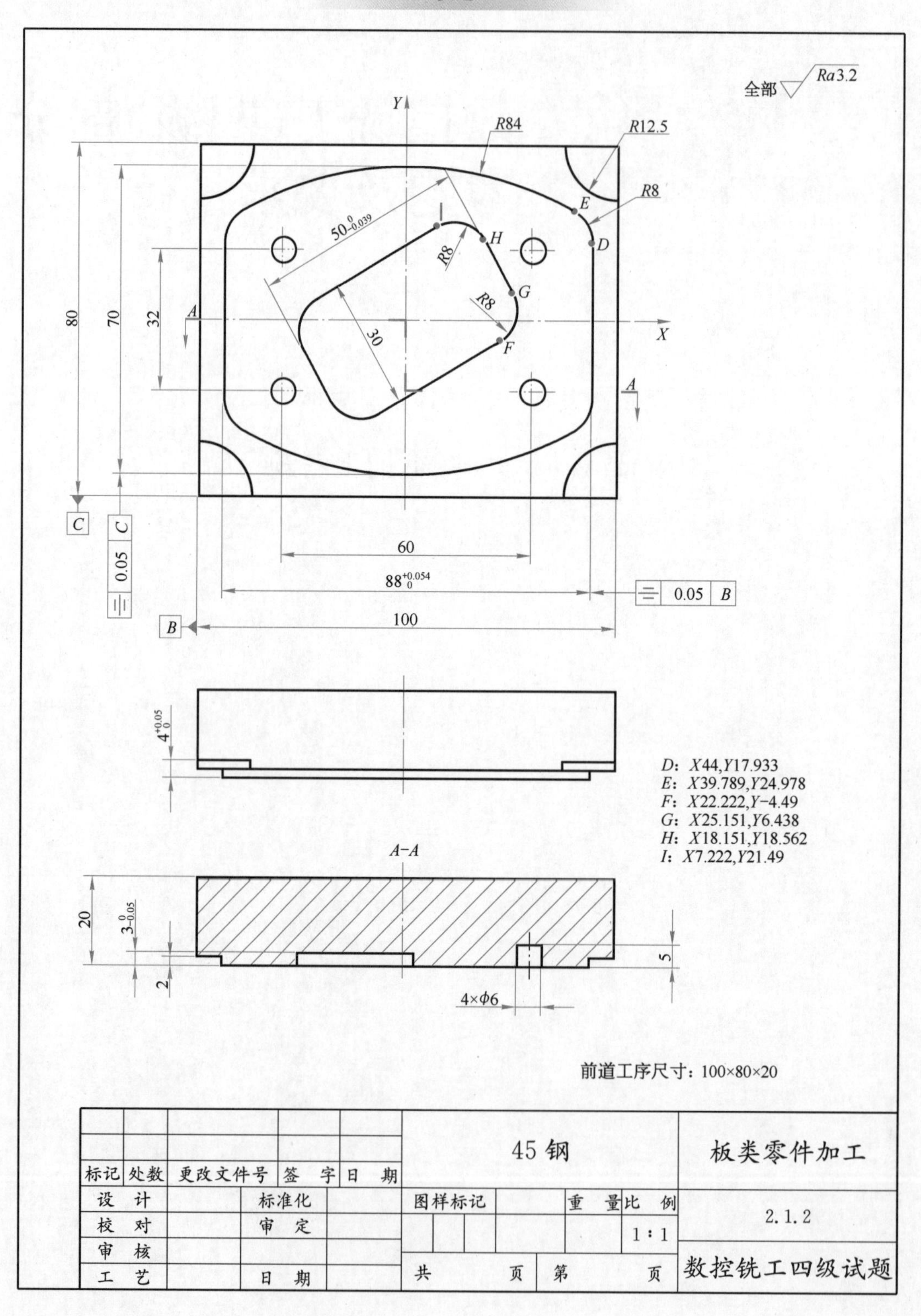

全部 Ra3.2
R84
R12.5
R8
E
D
H
G
F
R8
R8
50 0 -0.039
30
80
70
32
A
X
Y
C
0.05 C
60
88 +0.054 0
0.05 B
B
100
4 +0.05 0
D: X44,Y17.933
E: X39.789,Y24.978
F: X22.222,Y-4.49
G: X25.151,Y6.438
H: X18.151,Y18.562
I: X7.222,Y21.49
A-A
20
3 0 -0.05
2
5
4×ϕ6
前道工序尺寸：100×80×20
45 钢
板类零件加工
标记 处数 更改文件号 签 字 日 期
设 计
标准化
图样标记
重 量
比 例
2.1.2
校 对
审 定
1:1
审 核
工 艺
日 期
共 页 第 页
数控铣工四级试题

考题二

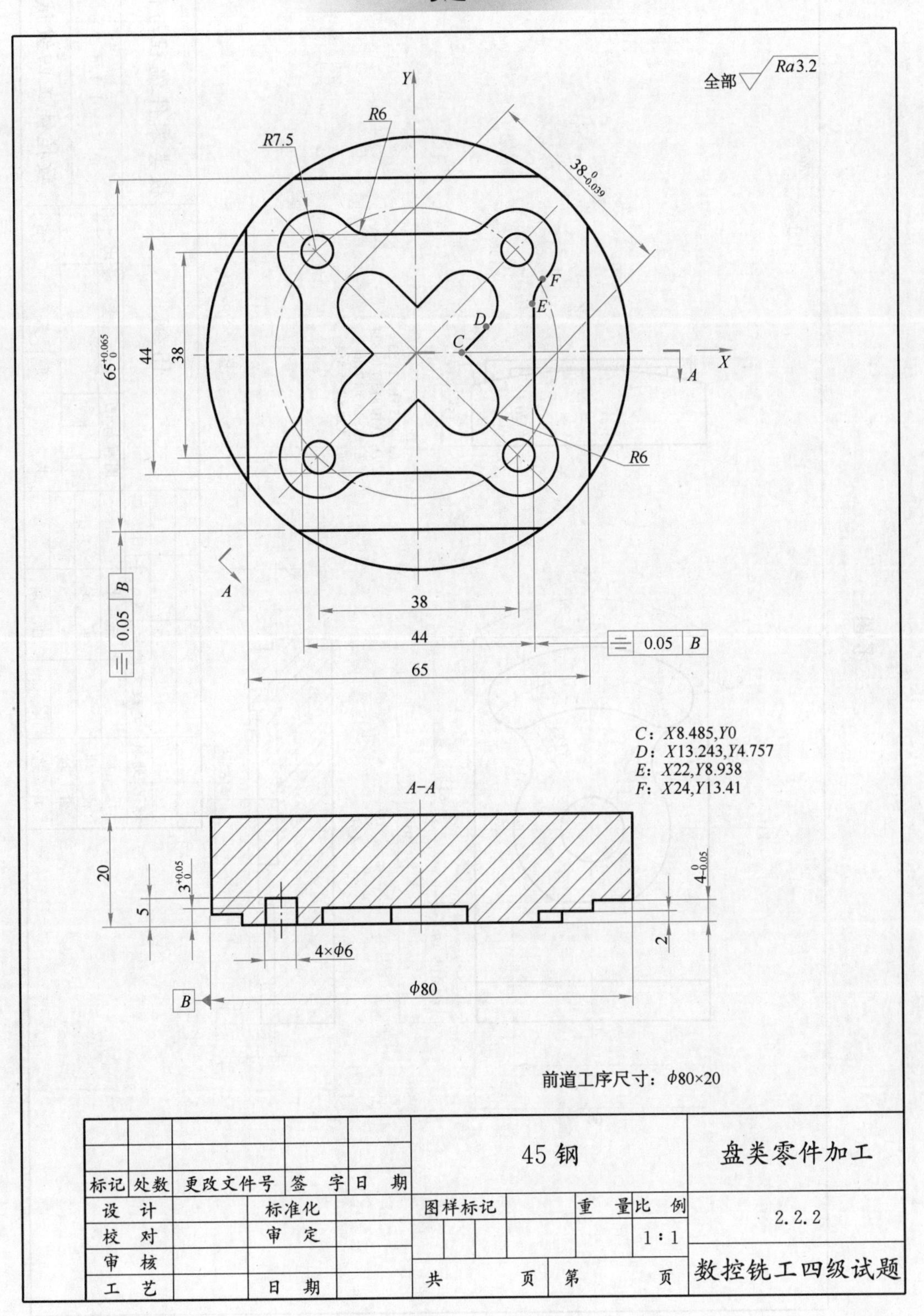

全部 Ra3.2
Y
X
R6
R7.5
38 0 -0.039
F
E
D
C
A
65 +0.065 0
44
38
R6
A
0.05 B
38
44
65
0.05 B
C：X8.485,Y0
D：X13.243,Y4.757
E：X22,Y8.938
F：X24,Y13.41
A-A
20
3 +0.05 0
5
4 0 -0.05
2
4×ϕ6
ϕ80
B
前道工序尺寸：ϕ80×20
45 钢
盘类零件加工
标记 处数 更改文件号 签 字 日 期
设 计
标准化
图样标记
重 量
比 例
2.2.2
校 对
审 定
1∶1
审 核
工 艺
日 期
共 页 第 页
数控铣工四级试题

考题三

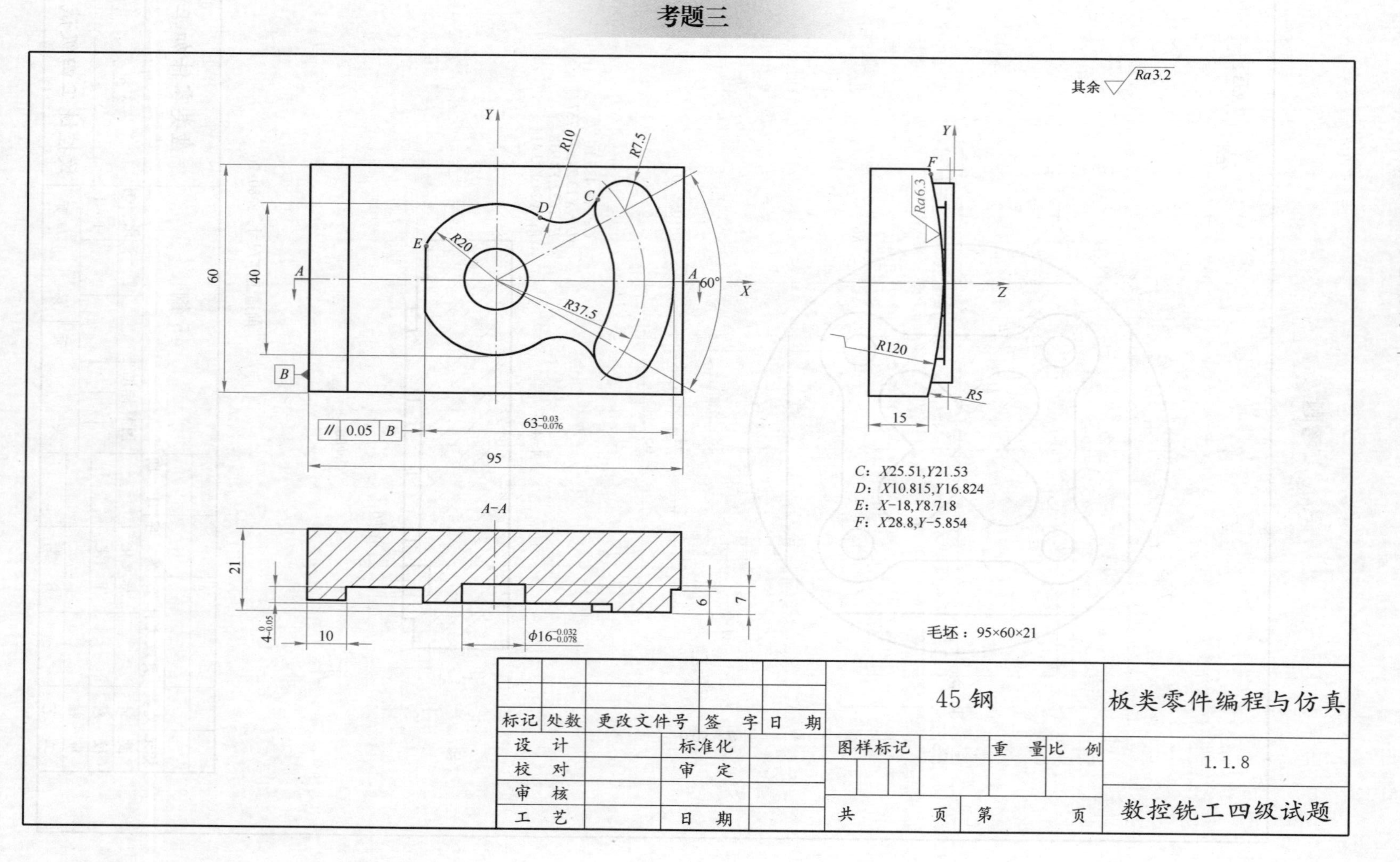

其余 Ra3.2
Y
R10
R7.5
D
C
E
R20
A
60°
X
R37.5
60
40
B
0.05 B
63
95
A–A
21
6
7
10
φ16
Y
F
Ra6.3
Z
R120
R5
15
C: X25.51,Y21.53
D: X10.815,Y16.824
E: X-18,Y8.718
F: X28.8,Y-5.854
毛坯：95×60×21
45钢
板类零件编程与仿真
标记 处数 更改文件号 签字 日期
设计 标准化
校对 审定
审核
工艺 日期
图样标记 重量 比例
1.1.8
共 页 第 页
数控铣工四级试题

考题四

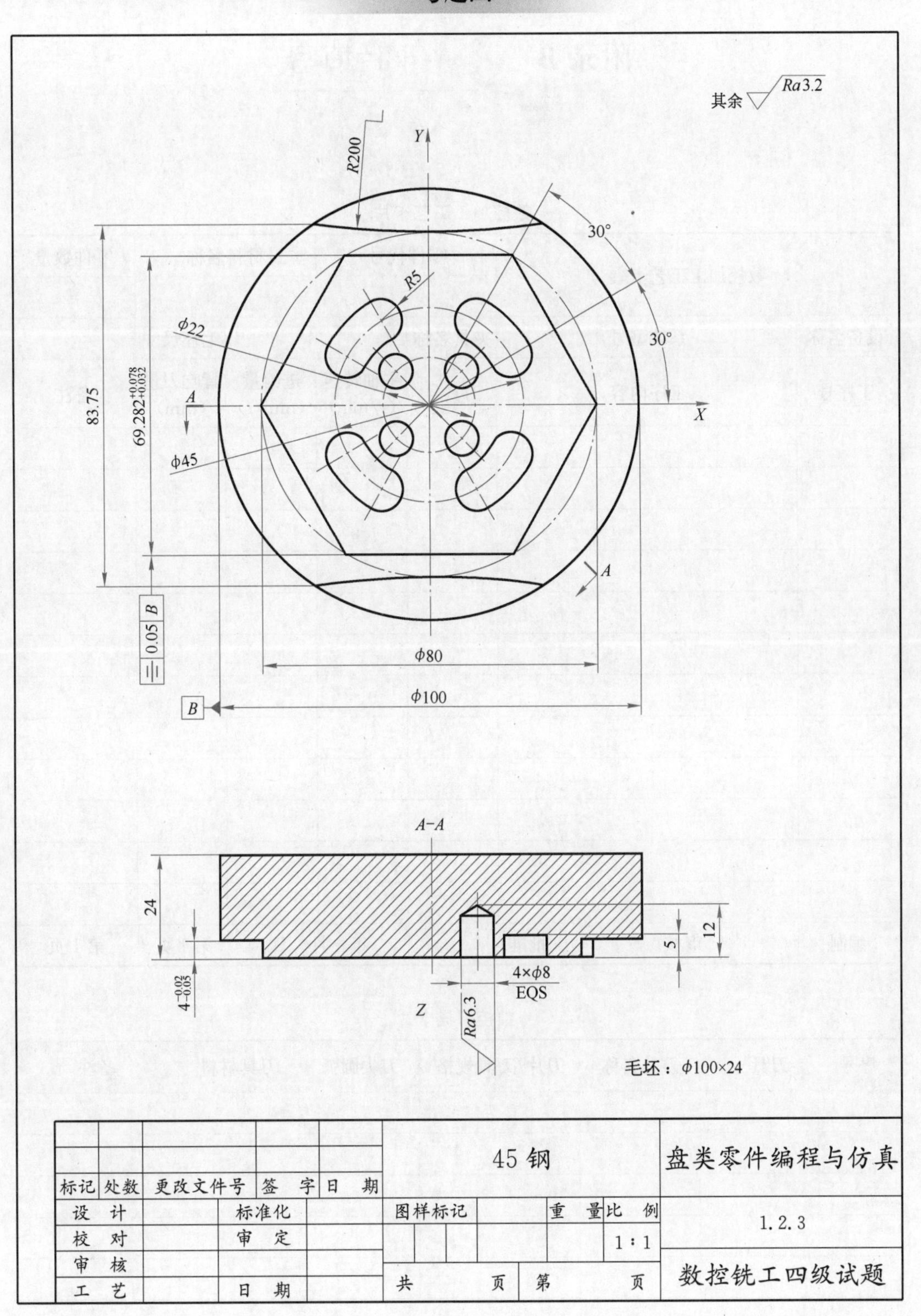
其余 Ra3.2
R200
Y
X
30°
30°
R5
ϕ22
ϕ45
83.75
69.282+0.078 +0.032
A
A
0.05 B
ϕ80
ϕ100
B
A–A
24
4−0.02 −0.05
12
5
4×ϕ8
EQS
Z
Ra6.3
毛坯：ϕ100×24
45 钢
盘类零件编程与仿真
标记 处数 更改文件号 签 字 日 期
设 计
标准化
校 对
审 定
审 核
工 艺
日 期
图样标记
重 量
比 例
1∶1
共 页 第 页
1.2.3
数控铣工四级试题

附录B　卡片填写

数控加工工艺卡片

数控加工工艺卡				零件代号		材料名称		零件数量
设备名称		系统型号		夹具名称			毛坯尺寸	
工序号	工序内容			刀具号	主轴转速（r/min）	进给量（mm/r）	背吃刀量（mm）	备注
编制		审核		批准		年　月　日	第1页	第1页

数控刀具卡片

序号	刀具号	刀具名称	刀片/刀具规格	刀尖圆弧	刀具材料	备注

(续表)

序号	刀具号	刀具名称	刀片/刀具规格	刀尖圆弧	刀具材料	备注
编制		审核	批准	年 月 日	共1页	第1页

附录C 数控编程考题

一、判断题(将判断结果填入括号中。正确的填"√",错误的填"×")

1. 手工编程适用于零件不太复杂、计算较简单、程序较短的场合,经济性较好。( )
2. 数控程序最早的控制介质是磁盘。( )
3. 不同的数控机床可能选用不同的数控系统,但数控加工程序指令都相同的。( )
4. 程序段格式有演变的过程,是先有文字地址格式,后发展成固定格式。( )
5. 程序段号根据数控系统的不同,在某些系统中可以省略。( )
6. 在数控插补中的两轴分别以F指令值作为进给速度(或进给率)。( )
7. 数控铣削的进给方式有每分钟进给和每转进给两种,一般可用G指令指定。( )
8. 如果在同一程序段中指定了两个或两个以上属于同一组的G代码时只有最后的G代码有效。( )
9. G代码可以分为模态G代码和非模态G代码,00组的G代码属于模态代码。( )
10. 数控机床输入程序时,不论何种系统,坐标值不论是整数和小数都不必加入小数点。( )
11. 在目前,椭圆轨迹的数控加工一定存在节点的计算。( )
12. 忽略机床精度,插补运动的轨迹始终与理论轨迹相同。( )
13. 数控系统的脉冲当量越小,数控轨迹插补越精细。( )
14. 右手直角坐标系中的拇指表示Z轴。( )

15. 通常在命名或编程时，不论何种数控机床都一律假定工件静止刀具运动。(　　)
16. 在直角坐标系中与主轴轴线平行或重合的轴一定是 Z 轴。(　　)
17. 绕 Z 轴旋转的回转运动坐标轴是 K 轴。(　　)
18. 机床参考点是由程序设定的一个基准点。(　　)
19. 数控加工中，麻花钻的刀位点是刀具轴线与横刃的交点。(　　)
20. 数控机床编程有绝对值和增量值编程之分，具体用法由图纸给定而不能互相转换。(　　)
21. 数控机床编程有绝对值和增量值编程，根据需要可选择使用。(　　)
22. 辅助指令(即 M 功能)与数控装置的插补运算无关。(　　)
23. M07 属于切削液开关指令。(　　)
24. M02 表示程序段结束，光标和屏幕显示自动返回程序的开头处。(　　)
25. F150 表示控制主轴转速，使主轴转速保持在 150 r/min。(　　)
26. 在执行 M00 后，不仅准备功能(G 功能)停止运动，连辅助功能(M 功能)也停止运动。(　　)
27. 编制数控加工程序时一般以机床坐标系作为编程的坐标系。(　　)
28. G53～G59 指令是工件坐标系选择指令。(　　)
29. 程序段 G92 X0 Y0 Z100.0 的作用是刀具快速移动到程序段指定的位置而达到设定工件坐标系的目的。(　　)
30. 基本运动指令就是基本插补指令。(　　)
31. FANUC-0i 系统中，G00 X100.0 Z-20.0；与 G0 Z-20.0 X100.0；地址大小写、次序先后，其意义相同。(　　)
32. 直线插补程序段中或直线插补程序段前必须指定进给速度。(　　)
33. 圆弧插补 G02 和 G03 的顺逆判别方向是：沿着垂直插补平面的坐标轴的负方向向正方向看去，顺时针方向为 G02，逆时针方向为 G03。(　　)
34. 圆弧插补时 Y 坐标的圆心坐标符号用 K 表示。(　　)
35. 在某一程序段中，圆弧插补整圆其终点重合于起点，用 R 无法定义，所以用圆心坐标编程。(　　)
36. G17、G18、G19 指令不可用来选择圆弧插补的平面。(　　)
37. G02 X_ Z_ I_ K_ F_；所指的插补平面是数控铣床的默认加工平面。(　　)
38. 数控程序的固定循环的作用主要是简化编程。(　　)
39. 在孔系加工时，螺纹攻丝采用固定循环 G83 指令。(　　)
40. 一个主程序调用另一个主程序称为主程序嵌套。(　　)
41. 子程序的编写方式必须是增量方式。(　　)
42. 进行刀补就是将编程轮廓数据转换为刀位点轨迹数据。(　　)
43. 数控铣削刀具补偿功能包含刀具半径补偿和刀具长度补偿。(　　)
44. 刀具半径补偿取消用 G40 代码，如 G40 G02 X20.0 Y0 R5.0；该程序段执行后刀补被取消。(　　)
45. 刀具补偿寄存器内存入的是负值表示实际补偿方向取反。(　　)

46. 刀具补偿有三个过程是指 G41、G42 和 G40 三个过程。(　　)
47. 编制数控切削加工程序时一般应选用轴向进刀。(　　)
48. B 功能刀具补偿,可以自动完成轮廓之间的转接。(　　)
49. 设 H01=-2 mm,执行 N10 G90 G00 Z5.0; N20 G43 G01 Z-20.0 H01;其中 N20 实际插补移动量为 22 mm。(　　)
50. 数控铣一内轮廓圆弧形零件,如铣刀直径改小 1 mm(假设刀补不变),则圆弧内轮廓直径也小 1 mm。(　　)
51. G04 执行期间主轴在指定的短时间内停止转动。(　　)
52. 只有实体模型可作为 CAM 的加工对象。(　　)
53. 目前,绝大多数 CAM 系统都属于交互式系统。(　　)
54. 通常,CAM 系统是既有 CAD 功能又有 CAM 功能的集成系统。(　　)
55. CAM 加工的工艺参数都由计算机自动确定。(　　)
56. CAM 只能使用自身集成的 CAD 所创建的模型。(　　)
57. 自由曲面一般选择 CAM 的铣削模块进行加工。(　　)
58. 加工仿真验证后,只要用软件自带的后处理所生成的加工程序一般就能直接传输至数控机床进行加工。(　　)
59. 数控加工仿真系统是基于虚拟现实的仿真软件。(　　)
60. 数控仿真操作中程序的输入编辑必须在回零操作之后。(　　)

二、单项选择题(选择一个正确的答案,将相应的字母填入题内的括号中)

1. 以下没有自动编程功能的软件是(　　)。
A. 宇龙数控加工仿真软件　　B. UG 软件
C. MasterCAM 软件　　D. Solidworks 软件
2. 以下正确的说法是(　　)。
A. 手工编程适用零件复杂、程序较短的场合
B. 手工编程适用计算简单的场合
C. 自动编程适用二维平面轮廓、图形对称较多的场合
D. 自动编程经济性好
3. 早期数控程序的控制介质穿孔纸带有一排纵向导向孔和一系列横向(　　)位的程序信息孔。
A. 五孔　　B. 六孔　　C. 七孔　　D. 八孔
4. 下列关于穿孔纸带的叙述,其中正确的是(　　)。
A. 穿孔纸带安装时无正、反面
B. 穿孔纸带安装时无方向性
C. 穿孔纸带的穿孔信息包括检验位信息
D. 穿孔纸带的导向孔位于纸带的轴心线
5. 零件加工程序的程序段由若干个(　　)组成的。
A. 功能字　　B. 字母　　C. 参数　　D. 地址

6. 数控机床进行零件加工，首先须把加工路径和加工条件转换为程序，此种程序即称为(　　)。

   A. 子程序　　B. 主程序　　C. 宏程序　　D. 加工程序

7. 功能字有参数直接表示法和代码表示法两种，下列(　　)属于代码表示法的功能字。

   A. S　　B. X　　C. M　　D. N

8. 在数控加工中，它是指位于字头的字符或字符组，用以识别其后的参数，在传递信息时，它表示其出处或目的地，"它"是指(　　)。

   A. 参数　　B. 地址符　　C. 功能字　　D. 程序段

9. 下列正确的功能字是(　　)。

   A. N8.5　　B. N#1　　C. N-3　　D. N0005

10. 下列不正确的功能字是(　　)。

    A. N8.0　　B. N100　　C. N03　　D. N0005

11. 在FANUC系统中，执行程序段G91 G01 X80.0 Y60.0 F50，则刀具移动时在X轴和Z轴方向的进给分速度分别为(　　)。

    A. 80 mm/min，60 mm/min　　B. 50 mm/min，50 mm/min

    C. 30 mm/min，40 mm/min　　D. 40 mm/min，30 mm/min

12. 在FANUC系统中，执行程序段G91 G01 X400.0 Y300.0 F100，则刀具移动时在X轴和Y轴方向的进给分速度分别为(　　)。

    A. 400 mm/min，300 mm/min　　B. 800 mm/min，600 mm/min

    C. 80 mm/min，60 mm/min　　D. 40 mm/min，30 mm/min

13. 数控车床的F功能常用(　　)单位。

    A. m/min　　B. mm/min或mm/r　　C. m/r　　D. r/min

14. 数控铣床的F功能常用(　　)单位。

    A. m/s　　B. mm/min或mm/r　　C. m/min　　D. r/s

15. 在同一个程序段中可以指定几个不同组的G代码，如果在同一个程序段中指令了两个以上的同组G代码时，只有(　　)G代码有效。

    A. 最前一个　　B. 最后一个　　C. 任何一个　　D. 程序段错误

16. G57指令与下列的(　　)指令不是同一组的。

    A. G56　　B. G55　　C. G54　　D. G53

17. 下列G指令中(　　)是非模态指令。

    A. G02　　B. G42　　C. G53　　D. G54

18. 只在本程序段有效，以下程序段需要时必须重写的G代码称为(　　)。

    A. 模态代码　　B. 续效代码　　C. 非模态代码　　D. 单步执行代码

19. 在FANUC系统中，下列程序段中不正确的是(　　)。

    A. G04 P1.5　　B. G04 X2　　C. G04 X0.500　　D. G04 U1.5

20. 下列关于小数点的叙述，正确的是(　　)。

    A. 数字都可以不用小数点

    B. 为安全可将所有数字(包括整数)都加上小数点

C. 变量的值是不用小数点

D. 小数点是否可用视功能字性质、格式的规定而确定

21. 一个基点是两个几何元素联结的交点或( )。

A. 终点　B. 切点　C. 节点　D. 拐点

22. 在一个几何元素上为了能用直线或圆弧插补逼近该几何元素而人为分割的点称为( )。

A. 断点　B. 基点　C. 节点　D. 交点

23. 数控系统常用的两种插补功能是( )。

A. 直线插补和螺旋线插补　B. 螺旋线插补和抛物线插补

C. 直线插补和圆弧插补　D. 圆弧插补和螺旋线插补

24. 数控系统通常除了直线插补外,还可以( )。

A. 椭圆插补　B. 圆弧插补　C. 抛物线插补　D. 球面插补

25. 数控系统所规定的最小设定单位就是数控机床的( )。

A. 运动精度　B. 加工精度

C. 脉冲当量　D. 传动精度

26. 数控机床的脉冲当量就是( )。

A. 脉冲频率　B. 每分钟脉冲的数量

C. 移动部件最小理论移动量　D. 每个脉冲的时间周期

27. 数控机床的标准坐标系是以( )来确定的。

A. 右手笛卡儿直角坐标系　B. 绝对坐标系

C. 相对坐标系　D. 极坐标系

28. 右手直角坐标系中( )表示为 Z 轴。

A. 拇指　B. 示指　C. 中指　D. 无名指

29. 下列关于数控编程时假定机床运动的叙述,正确的是( )。

A. 数控机床实际进给运动是工件为假设依据

B. 数控机床实际主运动是刀具为假设依据

C. 统一假定数控切削主运动是刀具,工件静止

D. 统一假定数控进给运动是刀具,工件静止

30. 下列关于数控编程时假定机床运动的叙述,正确的是( )。

A. 假定刀具相对于工件做切削主运动

B. 假定工件相对于刀具做切削主运动

C. 假定刀具相对于工件做进给运动

D. 假定工件相对于刀具做进给运动

31. 数控机床 Z 轴( )。

A. 与工件装夹平面垂直　B. 与工件装夹平面平行

C. 与主轴轴线平行　D. 是水平安置

32. 在数控机床坐标系中平行机床主轴的直线运动的轴为( )。

A. X 轴　B. Y 轴　C. Z 轴　D. U 轴

33. 绕 X 轴旋转的回转运动坐标轴是( )。
A. A 轴　　B. B 轴　　C. U 轴　　D. I 轴

34. 在直角坐标系中 A、B、C 轴与 X、Y、Z 的坐标轴线的关系是前者分别( )。
A. 绕 X、Y、Z 的轴线转动　　B. 与 X、Y、Z 的轴线平行
C. 与 X、Y、Z 的轴线垂直　　D. 与 X、Y、Z 是同一轴,只是增量表示

35. 数控机床上有一个机械原点,该点到机床坐标零点在进给坐标轴方向上的距离可以在机床出厂时设定,该点称( )。
A. 换刀点　　B. 工件坐标原点　　C. 机床坐标原点　　D. 机床参考点

36. 下列关于数控机床参考点的叙述,正确的是( )。
A. 机床参考点是与机床坐标原点重合
B. 机床参考点是浮动的工件坐标原点
C. 机床参考点是固有的机械基准点
D. 机床参考点是对刀用的

37. 数控刀具的刀位点就是在数控加工中的( )。
A. 对刀点　　B. 刀架中心点
C. 代表刀具在坐标系中位置的理论点　　D. 换刀位置的点

38. 下列叙述正确的是( )。
A. 刀位点是在刀具实体上的一个点
B. 使刀具参考点与机床参考点重合就是机床回零
C. 工件坐标原点又叫起刀点
D. 换刀点就是对刀点

39. 下列关于数控机床绝对值和增量值编程的叙述,正确的是( )。
A. 绝对值编程表达的是刀具位移的量
B. 增量值编程表达的是刀具位移目标位置
C. 增量值编程表达的是刀具位移的量
D. 绝对值编程表达的是刀具目标位置与起始位置的差值

40. 某一程序 N70 G18 G00 X80.0 Z80.0; N80 X50.0 Z30.0;执行完之后,说明 N80 中( )。
A. X 轴移动到 50 mm, Z 轴移动到 30 mm
B. X 轴移动到 80 mm, Z 轴移动到 80 mm
C. X 轴移动到 30 mm, Z 轴移动到 50 mm
D. X 轴移动到 130 mm, Z 轴移动到 110 mm

41. G90 G00 X30.0 Y6.0; G01 Y15.0 F50; G91 X10.0;两段插补后刀具共走了( )距离。
A. 9 mm　　B. 10 mm　　C. 19 mm　　D. 25 mm

42. G90 G00 X30.0 Y6.0; G01 X33.0 Y10.0 F50; G91 X5.0;两段插补后刀具共走了( )距离。
A. 7 mm　　B. 8 mm　　C. 10 mm　　D. 12 mm

43. 下列关于辅助功能指令的叙述,不正确的是(　　)。

A. 辅助功能指令与插补运算无关

B. 辅助功能指令一般由PLC控制执行

C. 辅助功能指令是以字符M为首的指令

D. 辅助功能指令是包括机床电源等起开关作用的指令

44. 下列关于辅助功能指令的叙述,正确的是(　　)。

A. 辅助功能中一小部分指令有插补运算

B. 辅助功能指令一般由伺服电机控制执行

C. 辅助功能指令是以字符F为首的指令

D. 辅助功能指令是包括主轴、冷却液和装夹等起开关作用的指令

45. 表示第一切削液打开的指令是(　　)。

A. M06　　B. M07　　C. M08　　D. M09

46. 表示第二切削液打开的指令是(　　)。

A. M06　　B. M07　　C. M08　　D. M09

47. 表示程序结束运行的指令是(　　)。

A. M00　　B. M01　　C. M02　　D. M09

48. 表示主程序结束运行的指令是(　　)。

A. M00　　B. M02　　C. M05　　D. M99

49. 辅助功能中控制主轴的指令是(　　)。

A. M00　　B. M01　　C. M04　　D. M99

50. 辅助功能中控制主轴的指令是(　　)。

A. M02　　B. M03　　C. M06　　D. M98

51. 辅助功能中表示无条件程序暂停的指令是(　　)。

A. M00　　B. M01　　C. M02　　D. M30

52. 执行指令(　　),程序停止运行,若要继续执行下面程序,需按循环启动按钮。

A. M00　　B. M05　　C. M09　　D. M99

53. 指令G53是(　　)。

A. 选择机床坐标系　　B. 模态指令

C. 设置机床坐标系　　D. 设置工件坐标系

54. 下面(　　)代码与机床坐标系有关。

A. G94　　B. G40　　C. G53　　D. G57

55. 下列(　　)不是工件坐标系的选择指令。

A. G50　　B. G54　　C. G56　　D. G59

56. 下面(　　)代码与工件坐标系有关。

A. G94　　B. G40　　C. G53　　D. G57

57. 程序段G92 X0 Y0 Z100.0的作用是(　　)。

A. 刀具快速移动到机床坐标系的点(0, 0, 100)

B. 刀具快速移动到工件坐标系的点(0, 0, 100)

C. 将刀具当前点作为机床坐标系的点(0, 0, 100)

D. 将刀具当前点作为工件坐标系的点(0, 0, 100)

58. 使用G92指令对刀时,必须把刀具移动到(　　)。

A. 工件坐标原点　　B. 机床坐标原点

C. 已知坐标值的对刀点　　D. 任何一点

59. (　　)指令不是数控机床程序编制的基本插补指令。

A. G00　　B. G01　　C. G02　　D. G03

60. (　　)指令是数控机床程序编制的基本插补指令。

A. G00　　B. G92　　C. G03　　D. G04

61. G00指令的快速移动速度是由机床(　　)确定的。

A. 参数　　B. 数控程序　　C. 伺服电机　　D. 传动系统

62. G00指令的移动速度值是由(　　)。

A. 数控程序指定　　B. 操作面板指定

C. 机床参数指定　　D. 机床出厂时固定不能改变

63. G01指令的移动速度值是由(　　)。

A. 数控程序指定　　B. 操作面板指定

C. 机床参数指定　　D. 机床出厂时固定不能改变

64. 直线插补指令使用(　　)功能字。

A. G00　　B. G01　　C. G02　　D. G03

65. 内轮廓周边圆弧铣削,(　　)指令。

A. G17 G41时用G02　　B. G17 G42时用G03

C. G17 G42时用G02　　D. G41 G42均用G03

66. 外轮廓周边圆弧铣削,(　　)指令。

A. G17 G41时用G02　　B. G17 G42时用G03

C. G17 G42时用G02　　D. G41 G42均用G03

67. 用G02/G03指令圆弧编程时,圆心坐标 I、J、K 为圆心相对于(　　)分别在 X、Y、Z 坐标轴上的增量。

A. 圆弧起点　　B. 圆弧终点　　C. 圆弧中点　　D. 圆弧半径

68. FANUC系统圆弧插补用圆心位置参数描述时,I 和 J 为圆心分别在 X 轴和 Y 轴相对于(　　)的坐标增量。

A. 工件坐标原点　　B. 机床坐标原点

C. 圆弧起点　　D. 圆弧终点

69. 下列关于数控加工圆弧插补用半径编程的叙述,正确的是(　　)。

A. 当圆弧所对应的圆心角大于180°时半径取大于零

B. 当圆弧插补程序段中出现半径参数小于零,则表示圆心角大于180°

C. 不管圆弧所对应的圆心角多大,圆弧插补的半径统一取大于零

D. 当圆弧插补程序段中半径参数的正负符号用错,则会产生报警信号

70. 铣削程序段G02 X50.0 Y-20.0 R-10.0 F0.3;所插补的轨迹不可能是(　　)。

A. 圆心角为360°的圆弧　　B. 圆心角为270°的圆弧
C. 圆心角为200°的圆弧　　D. 圆心角为180°的圆弧

71. G17，G18，G19 指令可用来选择(　　)的平面。
A. 曲面插补　B. 曲线所在　C. 刀具长度补偿　D. 刀具半径补偿

72. 数控铣床的默认插补平面是(　　)。
A. *UW* 平面　B. *XY* 平面　C. *XZ* 平面　D. *YZ* 平面

73. G02 X_ Y_ I_ J_ F_；程序段对应的选择平面指令应是(　　)。
A. G17　B. G18　C. G19　D. G20

74. G02 X_ Z_ I_ K_ F_；程序段对应的选择平面指令应是(　　)。
A. G17　B. G18　C. G19　D. G20

75. 下列关于循环的叙述，正确的是(　　)。
A. 循环的含义是运动轨迹的封闭性
B. 循环的含义是可以反复执行一组动作
C. 循环的终点与起点重合
D. 循环可以减少切削次数

76. 下列关于循环的叙述，不正确的是(　　)。
A. 循环包含简单固定循环和复合循环
B. 简单固定循环是一组动作的组合
C. 复合循环是对简单固定循环重复性再组合
D. 复合循环与简单固定循环，其通用性前者比后者强

77. 如果要用数控钻削 5 mm，深 40 mm 的孔时，钻孔循环指令应选择(　　)。
A. G81　B. G82　C. G83　D. G84

78. 如果要用数控钻削 5 mm，深 4 mm 的孔时，钻孔循环指令应选择(　　)。
A. G81　B. G82　C. G83　D. G84

79. 下列关于子程序的叙述，正确的是(　　)。
A. 子程序可以调用其他的主程序
B. 子程序可以调用其他同层级的子程序
C. 子程序可以调用自己的上级子程序
D. 子程序可以调用自己本身子程序

80. 下列关于子程序的叙述，不正确的是(　　)。
A. 子程序不能调用其他的主程序
B. 子程序可以调用其他的下级子程序
C. 子程序可以调用自己的上级子程序
D. 一个子程序在两处被调用，其层级可以是不相同的

81. FANUC 系统 M98 P21013 表示调用子程序执行(　　)次。
A. 21　B. 13　C. 2　D. 1

82. FANUC 系统 M98 P2013 表示调用子程序执行(　　)次。
A. 1　B. 2　C. 3　D. 13

83. 数控镗铣加工，在(　　)加工时一般不采用刀具半径补偿。

A. 定尺寸刀具铣平面槽　　B. 凸轮外轮廓
C. 凸轮内轮廓　　D. 正方形外轮廓

84. 数控镗铣加工，在(　　)加工时一般采用刀具半径补偿。

A. 定尺寸刀具铣平面槽　　B. 凸轮外轮廓
C. 镗孔　　D. 钻孔

85. 数控铣削刀具补偿，刀具刀位点与轮廓实际切削点相差一个半径值，其对应的补偿称为(　　)。

A. 刀具位置补偿　　B. 刀具半径补偿
C. 刀具长度补偿　　D. 刀具方向补偿

86. 数控铣刀长度微量磨损后，主要修改(　　)的参数。

A. 刀具位置补偿　　B. 刀具半径补偿
C. 刀具长度补偿　　D. 刀具方向补偿

87. 程序中指定了(　　)时，刀具半径补偿被撤销。

A. G40　　B. G41　　C. G42　　D. G49

88. 取消刀具半径补偿的指令是(　　)。

A. G53　　B. G40　　C. G49　　D. G50

89. 内轮廓周边逆圆铣削前刀具半径补偿建立时应使用(　　)指令。

A. G40　　B. G41　　C. G42　　D. G43

90. 外轮廓周边顺圆铣削前刀具半径补偿建立时应使用(　　)指令。

A. G40　　B. G41　　C. G42　　D. G43

91. 在使用 G41 或 G42 指令刀补的建立过程中只能用(　　)指令。

A. G00　　B. G00 或 G01　　C. G01 或 G02　　D. G02 或 G03

92. 在使用 G40 指令刀补的取消过程中只能用(　　)指令。

A. G00 或 G01　　B. G01 或 G02　　C. G02 或 G03　　D. G04

93. 数控机床加工轮廓时，一般最好沿着轮廓(　　)进刀。

A. 法向　　B. 切向　　C. 45°方向　　D. 轴向

94. 进行轮廓铣削时，应避免(　　)工件轮廓。

A. 切向切入和切向退出　　B. 切向切入和法向退出
C. 法向切入和法向退出　　D. 法向切入和切向退出

95. 半径左补偿在向左拐角转接时一般采用(　　)转接。

A. 插入型　　B. 伸长型　　C. 缩短型　　D. 圆弧形

96. 半径左补偿在向右拐角转接时不可能是(　　)转接。

A. 圆弧形　　B. 缩短型　　C. 伸长型　　D. 插入型

97. 在 G43 G01 Z15.0 H10；其中 H10 表示(　　)。

A. Z 轴的位置增加量是 10 mm
B. 刀具长度补偿值存放位置的序号是 10 号
C. 长度补偿值是 10 mm

D. 半径补偿值是 10 mm

98. 执行 G90 G01 G43 Z-50 H02 F100;(设 H02=-2 mm)后,钻孔深度是( )。

A. 48 mm　B. 52 mm　C. 50 mm　D. 100 mm

99. 在数控铣床上用 ϕ20 铣刀(刀具半径补偿偏置值是 10.3),执行 G02 X60.0 Y60.0 R40.0 F120;粗加工 ϕ80 内圆弧,测量直径尺寸是 ϕ79.28,现精加工则修改刀具半径补偿偏置值为( )。

A. 9.64　B. 9.94　C. 10.0　D. 10.36

100. 粗加工时刀具半径补偿值的设定是( )。

A. 刀具半径　B. 加工余量

C. 刀具半径+加工余量　D. 刀具半径-加工余量

101. 在 G04 暂停功能指令中,( )参数的单位为 ms。

A. X　B. U　C. P　D. Q

102. 执行下列若干段程序段后,累计暂停进给时间是( )s:

N2 G01 Z-10 F100; N4 G04 P10; N6 G01 Z-20; N8 G04 X10

A. 20　B. 100　C. 11　D. 10.01

103. 计算机辅助设计的英文缩写是( )。

A. CAPP　B. CAE　C. CAD　D. CAM

104. 下列软件中,具有自主知识产权的国产 CAD 系统是( )。

A. AutoCAD　B. Solidworks　C. Pro/E　D. CAXA

105. 计算机辅助制造的英文缩写是( )。

A. CAD　B. CAE　C. CAM　D. CAPP

106. 下列软件中,具有自主知识产权的国产 CAM 系统是( )。

A. CAXA　B. CATIA　C. Pro/E　D. UG

107. 下列软件中,属于高端的 CAD/CAM 系统是( )。

A. SURFCAM　B. UG　C. CAXA　D. Master CAM

108. 下列软件中,包含 CAM 功能(不包括第三方插件)的 CAD/CAM 系统是( )。

A. Auto CAD　B. CATIA　C. Solidedge　D. Solidworks

109. CAM 的加工仿真主要检验零件的( )。

A. 尺寸精度　B. 位置精度

C. 粗糙度　D. 形状是否正确

110. CAM 型腔铣中,顺铣和逆铣并存的切削方法是( )。

A. Zig　B. Zig With Contour

C. Zig-Zag　D. Follow Periphery

111. 实体键槽属于( )建模方式。

A. 体素特征　B. 成型特征　C. 参考特征　D. 扫描特征

112. 旋转体属于( )建模方式。

A. 体素特征　B. 成型特征　C. 参考特征　D. 扫描特征

113. CAM 的型腔加工属于( )工艺范围。

A. 车削　　B. 铣削　　C. 磨削　　D. 线切割

114. CAM的线切割模块适用加工(　　)。

A. 内、外轮廓　　B. 各类平面　　C. 各类曲面　　D. 型腔

115. 通常,一个CAM软件能生成(　　)符合数控系统要求的NC程序。

A. 一种　　B. 二种　　C. 多种　　D. 无数种

116. CAM生成的一个NC程序中能包含(　　)加工操作。

A. 1个　　B. 2个　　C. 3个　　D. 多个

117. 数控加工仿真系统是运用虚拟现实技术来操作"虚拟设备",而不能(　　)。

A. 检验数控程序　　B. 检测工艺系统的刚性

C. 编辑预输入数控程序　　D. 增加机床操作的感性认识

118. 下列关于数控加工仿真系统的叙述,正确的是(　　)。

A. 通过仿真对刀可检测实际各刀具的长度参数

B. 通过仿真试切可检测实际各刀具的刚性不足而引起的补偿量

C. 通过仿真运行可保证实际零件的加工精度

D. 通过仿真运行可保证实际程序在格式上的正确性

119. 数控仿真操作步骤的先后次序,下列(　　)的次序是不正确的。

A. 回零操作、选择安装工件和刀具、对刀和参数设置、输入编辑程序

B. 回零操作、对刀和参数设置、输入编辑程序、选择安装工件和刀具

C. 输入编辑程序、回零操作、选择安装工件和刀具、对刀和参数设置

D. 选择安装工件和刀具、回零操作、输入编辑程序、对刀和参数设置

120. 数控仿真操作步骤的先后次序,下列(　　)的次序是可以的。

A. 输入编辑程序、回零操作、对刀和参数设置、选择安装工件和刀具

B. 对刀和参数设置、选择安装工件和刀具、回零操作、输入编辑程序

C. 回零操作、输入编辑程序、对刀和参数设置、选择安装工件和刀具

D. 选择安装工件和刀具、输入编辑程序、回零操作、对刀和参数设置

附录D 数控铣床操作考题

一、判断题(将判断结果填入括号中。正确的填"√",错误的填"×")

1. "NC"的含义是"计算机数字控制"。(　　)
2. 在CRT/MDI面板的功能键中,用于报警显示的键是"ALARM"。(　　)
3. 当数控机床失去对机床参考点的记忆时,必须进行返回机床参考点的操作。(　　)
4. 数控操作的"跳步"功能又称为"单段运行"功能。(　　)
5. 数控机床加工过程中要改变主轴速度或进给速度必须程序暂停,修改程序中的S和

F 的值。(　　)

6. 轮廓加工中,在接近拐角处应适当降低进给量,以克服“超程”或“欠程”现象。(　　)
7. 程序输入用得最早的是穿孔纸带。(　　)
8. 编辑数控程序,要修改一个功能字时必须用修改键而不能用插入键和删除键。(　　)
9. 对刀的目的就是确定刀具的刀位点当前在工件坐标系中的坐标值,对刀方法一般有试切对刀法、夹具对刀元件间接对刀法、多刀相对偏移对刀法。(　　)
10. 对刀仪目前常用机外刀具预调测量仪和机内激光自动对刀仪。(　　)
11. 对刀器有光电式和指针式之分。(　　)
12. 偏心式寻边器结构简单,所以只有一种规格。(　　)
13. 在数控程序调试时,每启动一次,只进行一个程序段的控制称为“计划暂停”。(　　)
14. 配有数控回转工作台的数控机床为数控加工中心。(　　)
15. 采用多工位托盘工件自动交换机构的加工中心至少配有两个可自动交换的托盘工作台。(　　)
16. 刀具参数输入包括:刀库的刀具与刀具号对应设定;刀具半径和长度的设定。(　　)

二、单项选择题(选择一个正确的答案,将相应的字母填入题内的括号中)

1. 下列数控屏幕上菜单英文词汇“FEED”所对应的中文词汇是(　　)。

A. 冷却液　　B. 紧停　　C. 进给　　D. 刀架转位

2. 下列数控屏幕上菜单英文词汇“SPINDLE”所对应的中文词汇是(　　)。

A. 冷却液　　B. 主轴　　C. 进给　　D. 刀架转位

3. 在 CRT/MDI 面板的功能键中,用于程序编制的键是(　　)。

A. POS　　B. PRGRM　　C. OFSET　　D. ALARM

4. 在 CRT/MDI 面板的功能键中,用于刀具偏置数设置的键是(　　)。

A. POS　　B. PRGRM　　C. OFSET　　D. ALARM

5. 一般数控机床断电后再开机,首先回零操作,使机床回到(　　)。

A. 工件零点　　B. 机床参考点　　C. 程序零点　　D. 起刀点

6. 数控机床的回零操作的作用是(　　)。

A. 建立工件坐标系　　B. 建立机床坐标

C. 选择工件坐标系　　D. 选择机床坐标

7. 在机床锁定方式下,进行自动运行(　　)功能被锁定。

A. 进给　　B. 刀架转位　　C. 主轴　　D. 冷却液

8. 下列(　　)是数控操作“跳步”功能的作用之一。

A. 提高加工质量

B. 精加工只要粗加工最后一次走刀的部分程序

C. 提高加工效率

D. 对程序可以循环数控

9. F 进给倍率开关的调节对(　　)不起作用。

A. 提高效率　　B. 减小零件表面粗糙度

C. 减小刀具磨损　　D. 提高零件尺寸精度

10. S 主轴转速倍率开关的调节对(　　)不起作用。

A. 直接提高效率　　B. 改善切削环境

C. 改善零件表面粗糙度　　D. 减小刀具磨损

11. 轮廓加工中,关于在接近拐角处"超程"和"欠程"的叙述,下列叙述正确的是(　　)。

A. 超程表示产生过切,欠程表示产生欠切

B. 在拐角前产生欠程,在拐角后产生超程

C. 在拐角前产生超程,在拐角后产生欠程

D. 在接近具体一个拐角处只产生超程或欠程一种情况

12. 轮廓加工中,关于在接近拐角处"超程"和"欠程"的叙述,下列叙述不正确的是(　　)。

A. 在拐角前产生超程,在拐角后产生欠程

B. 在拐角前产生欠程,在拐角后产生超程

C. 在拐角处超程和欠程都可能存在

D. 超程和欠程,与过切和欠切的关系由拐角方向而定

13. 下列关于目前数控机床程序输入方法的叙述,正确的是(　　)。

A. 一般只有手动输入

B. 一般只有接口通信输入

C. 一般都有手动输入和接口通信输入

D. 一般都有手动输入和穿孔纸带输入

14. 程序管理包括:程序搜索、选择一个程序、(　　)和新建一个程序。

A. 执行一个程序　　B. 调试一个程序

C. 删除一个程序　　D. 修改程序切削参数

15. 下列操作中(　　)属于数控程序编辑操作。

A. 文件导入　　B. 搜索查找一个程序

C. 搜索查找一个字符　　D. 执行一个程序

16. 下列(　　)操作属于数控程序编辑操作。

A. 删除一个字符　　B. 删除一个程序

C. 删除一个文件　　D. 导入一个程序

17. 下列关于对刀方法应用的叙述,正确的是(　　)。

A. 试切对刀法对刀精度低,效率较低,一般用于单件小批量生产

B. 多刀加工对刀时,采用同一程序时必须用多个工件坐标系

C. 多刀加工对刀时,采用同一工件坐标系时必须用多个程序

D. 多刀加工对刀时,可采用同一程序,同一工件坐标系

18. 在数控多刀加工对刀时,刀具补偿性偏置参数设置不包括(　　)。

A. 各刀具的半径值或刀尖圆弧半径值

B. 各刀具的长度值或刀具位置值

C. 各刀具精度的公差值和刀具变形的误差值

D. 各刀具的磨耗量

19. 机内激光自动对刀仪不可以(　　)。

A. 测量各刀具相对工件坐标系的位置

B. 测量各刀具相对机床坐标系的位置

C. 测量各刀具之间的相对长度

D. 测量、设定各刀具的部分的刀补参数

20. 下列关于对刀仪的叙述,正确的是(　　)。

A. 机外刀具预调测量仪可以提高数控机床利用率

B. 机内激光自动对刀仪对刀精度高,可以消除工件刚性不足的误差

C. 对刀仪主要作用是在使用多刀加工时各刀在机内的相对位置的差

D. 刀具磨损后可通过对刀仪重新对刀、设置而恢复正常

21. 下列关于对刀器的叙述,不正确的是(　　)。

A. 对刀时指针式对刀器与刀具接触时指针刻度显示接触位移值

B. 对刀时光电式对刀器与刀具接触时红灯会亮

C. 对刀时对刀器与刀具接触时红灯会亮,同时指针刻度显示接触位移值

D. 对刀时对刀器与刀具接触时红灯会亮或指针刻度显示接触位移值

22. 下列关于对刀器的叙述,不正确的是(　　)。

A. 对刀器对刀操作可测量刀具长度参数

B. 对刀器有光电式和指针式之分

C. 对刀器只能对 Z 轴,不能对 X、Y 轴

D. 对刀器底部有磁性,可水平面安放,也可垂直面安放

23. 用偏心式寻边器找正操作,寻边器与工件在接触前、接触瞬间和过分接触三个阶段分别产生(　　)。

A. 摆动、摆动和不摆动　　B. 摆动、不摆动和摆动

C. 不摆动、摆动和摆动　　D. 不摆动、摆动和不摆动

24. 用偏心式寻边器找正操作,寻边器与工件在接触前、接触瞬间和过分接触三个阶段分别产生(　　)。

A. 不摆动、摆动和摆动　　B. 摆动、不摆动和不摆动

C. 摆动、不摆动和摆动　　D. 不摆动、摆动和不摆动

25. 数控机床程序调试时,当发生严重异常现象急需要处理,应启动(　　)。

A. 程序停止功能　　B. 程序暂停功能

C. 紧停功能　　D. 主轴停止功能

26. 数控程序调试时,采用"机床锁定"(FEED HOLD)方式下自动运行,(　　)功能被锁定。

A. 倍率开关　　B. 冷却液开关

C. 主轴　　D. 进给

27. 在加工(　　)时,数控回转工作台显示不出设备的优越性。
A. 圆周凸轮　　B. 箱体圆周分布孔
C. 多边形周边轮廓　　D. 抛物线周边轮廓
28. 数控回转工作台按工作台布置形式分,没有(　　)数控回转工作台。
A. 龙门式　　B. 立式　　C. 卧式　　D. 立卧两用式
29. 下列关于数控交换工作台的叙述,正确的是(　　)。
A. 配有交换工作台的数控机床为数控加工中心
B. 交换工作台的作用是在多个工作台上的工件被同时进行切削加工,而提高加工效率
C. 配有五个以上交换工作台的加工中心被称为柔性制造单元(FMC)
D. 数控交换工作台在柔性制造系统(FMS)中不被采用
30. 下列关于数控交换工作台的叙述,不正确的是(　　)。
A. 交换工作台可采用液压活塞推拉机构的方法来实现交换
B. 交换工作台可采用机械链式传动方法来实现交换
C. 交换工作台主要结构的关键是托盘工作台的限位、定位精度和托盘上夹具的定位精度
D. 当被加工工件变更,数控交换工作台也随之变更
31. 刀具长度补偿值设置成负数,则表示(　　)。
A. 程序运行时将出错
B. 程序中的左刀补实际成为右刀补
C. 程序中的刀具长度正补偿实际成为刀具长度负补偿
D. 程序中的刀具补偿功能被撤销
32. 刀具半径补偿值设置成负数,则表示(　　)。
A. 程序运行时将出错
B. 程序中的左刀补实际成为右刀补
C. 程序中的刀具长度正补偿实际成为刀具长度负补偿
D. 程序中的刀具补偿功能被撤销

参考文献

[1] 朱勇,吴敏,周芸. 数控机床仿真加工[M]. 上海：上海科学技术出版社,2009.
[2] 戴忠民,孟富森. 数控机床工[M]. 北京：中国劳动社会保障出版社,2007.
[3] 王荣兴. 加工中心培训教程[M]. 北京：机械工业出版社,2005.
[4] 韩鸿鸾. 数控加工工艺[M]. 北京：中国劳动社会保障出版社,2005.
[5] 龚仲华. 数控机床编程与操作[M]. 北京：机械工业出版社,2004.
[6] 明兴祖. 数控加工技术[M]. 北京：化学工业出版社,2003.
[7] 方沂. 数控机床编程与操作[M]. 北京：国防工业出版社,1999.
[8] 张铁城. 加工中心操作工[M]. 北京：中国劳动社会保障出版社,2001.
[9] 刘雄伟. 数控机床操作与编程培训教程[M]. 北京：机械工业出版社,2001.
[10] 毛之颖. 机械制图[M]. 北京：高等教育出版社,1991.
[11] 沈建峰. 数控车床编程与操作实训[M]. 北京：国防工业出版社,2005.